4
Matemáticas
primer trimestre

W0469812

El proyecto de **Matemáticas 4** EP

Para empezar

Una unidad inicial para facilitar la acogida del alumnado que se incorpora al curso y para activar los conocimientos previos.

Unidad

Presentación del tema sobre el que gira la unidad y planteamiento de una tarea que integra varios contenidos. Se identifican también las inteligencias que se ponen en práctica.

Agudiza el ingenio

Un espacio para ejercitar la mente mediante actividades variadas y divertidas.

Repasamos

Actividades de síntesis cada trimestre.

Proyectos

Propuestas de actividades interdisciplinarias, que promueven el diálogo y el deseo de nuevos conocimientos.

edebé On

proyecto global interactivo

Multidispositivo

Libro digital interactivo

Incorpora los **recursos digitales** necesarios (vídeos, presentaciones, actividades interactivas, audios, enlaces...) a fin de que el profesorado gestione de **manera eficaz** el aprendizaje en el **aula digital.**

Mueve el pensamiento

Mediante actividades grupales como las rutinas y las destrezas movilizamos ideas previas y creamos, a partir de ellas, nuevo conocimiento.

Situaciones contextualizadas

Para llenar de significado el aprendizaje, debe efectuarse en contextos cotidianos.

Procedimientos detallados

Énfasis en las etapas de los procedimientos, que van siempre acompañados de un ejemplo.

Practica

Colección de actividades para practicar los contenidos principales de la unidad.

Cálculo mental y problemas

Práctica del cálculo mental y algunos trucos. Resolución sistemática de problemas.

Para terminar

Puesta en práctica de las competencias, reflexión sobre el aprendizaje y fomento de la creatividad y el emprendimiento.

Disponible en «Tu espacio personal»: **www.edebe.com**

Biblioteca de recursos digitales

Un **espacio** fácilmente **accesible** en el que encontraréis recursos para consultar, descubrir y explorar el conocimiento.

Cultura de pensamiento

Rutinas y destrezas de pensamiento para aprender a pensar.

Espacio abierto

Un espacio abierto al diálogo y a la reflexión.

Una vuelta por el mundo

Experiencias para aprender fuera del aula.

Técnicas cooperativas

Para mejorar la responsabilidad individual y las relaciones sociales.

Inteligencias múltiples

Porque hay diferentes maneras de aprender y de ser inteligente.

LÓGICO-MATEMÁTICA

MUSICAL

INTRAPERSONAL

VISUAL-ESPACIAL

INTERPERSONAL

NATURALISTA

LINGÜÍSTICO-VERBAL

CORPORAL-CINESTÉSICA

Otros iconos

ORAL

AUDIO

TIC

ATENCIÓN

PROFUNDIZACIÓN

RECORTABLES

Índice

PROYECTO

Los genios

Las nuevas tecnologías

PROYECTO

La moda

El patronaje

PROYECTO

La civilización griega

Los griegos y las matemáticas

La vuelta al mundo en 80 días

Este verano he leído *La vuelta al mundo en 80 días,* de Julio Verne, y me hubiera gustado darla con mi bicicleta. No ha sido posible, pero he disfrutado de muchas aventuras.

- ¿Cuántos meses, semanas y días son 80 días?
- ¿Cuántas horas transcurren en este período de tiempo?
- Compara este tiempo con el que has pasado en tus vacaciones. ¿Cuál es mayor? ¿Qué diferencia de días hay? ¿Cuántas horas son?

NÚMEROS DE CINCO CIFRAS

He calculado que tardé unos 57.600 segundos en leer el libro.

1. ¿Cuántas unidades, decenas, centenas, unidades de millar y decenas de millar hay en el número 57.600? Descompón el número y escríbelo como la suma de los valores de sus cifras.

Utiliza una tabla como esta para la descomposición:

Decenas de millar (DM)	Unidades de millar (UM)	Centenas (C)	Decenas (D)	Unidades (U)

2. *La vuelta al mundo en 80 días* fue publicada por entregas en 1872, y tiene 37 capítulos. Y si damos la vuelta alrededor de la Tierra son, aproximadamente, 40.075 km. ¿Qué valor tiene la cifra 7 en estos números?

3. En la biblioteca de la que tomé prestado el libro, hay un total de:

- 53.389 novelas
- 17.432 cómics
- 3.603 películas

a. Descompón estos números y escríbelos como la suma de los valores de sus cifras.

b. Indica el valor de la cifra 3 en estos números.

c. Escribe estos números con letras.

d. Redondea los números a las centenas y calcula el total aproximado de obras de la biblioteca.

LA SUMA Y LA RESTA

Estas son las distancias aproximadas recorridas en las diferentes etapas del viaje de Phileas Fogg en su vuelta al mundo en 80 días:

De Londres a Suez, 5.458 km
De Suez a Bombay, 4.254 km
De Bombay a Calcuta, 1.657 km
De Calcuta a Hong Kong, 2.645 km
De Hong Kong a Yokohama, 2.867 km
De Yokohama a San Francisco, 8.300 km
De San Francisco a Nueva York, 4.134 km
De Nueva York a Londres, 5.576 km

4. Calcula los kilómetros de que consta cada tramo:

a. De Londres a Calcuta, pasando por Bombay.

b. De Calcuta a Yokohama, pasando por Hong Kong.

c. De Yokohama a Londres, pasando por San Francisco y Nueva York.

d. Utiliza los tres valores anteriores para calcular la distancia de Londres a Londres.

5. ¿Cuál es la diferencia entre la distancia recorrida en el viaje de Phileas Fogg y los 40.075 kilómetros de longitud que mide el ecuador de la Tierra?

6. Ordena las etapas de la más larga a la más corta y calcula:

a. La diferencia entre la etapa más larga y la más corta.

b. La diferencia entre las dos etapas más largas.

c. La diferencia entre las dos etapas más cortas.

7. Busca la distancia entre Londres y la localidad donde vives. Compara esta distancia con la etapa más corta y con la más larga.

Puedes acceder a esta web para obtener los datos:

http://links.edebe.com/z7fe

8. El gasto que supuso a Phileas Fogg el viaje es de 2.375 libras cada diez días. ¿Cuánto gastó en los 80 días de viaje?

9. ¿Cuántos kilómetros deben recorrer los protagonistas de la novela cada día para cubrir todo el viaje? Calcula estas cuatro posibilidades:

a. 179 km por día
b. 273 km por día
c. 587 km por día
d. 440 km por día

– Indica qué opción se aproxima más a los kilómetros que se deben recorrer.

Recuerda que, para multiplicar por un número seguido de ceros, basta con multiplicar por el número sin los ceros y añadirlos a la derecha del resultado.

10. Sin embargo, la previsión de Phileas Fogg para recorrer las etapas de su viaje era la siguiente:

De Londres a Suez, 7 días
De Suez a Bombay, 18 días
De Bombay a Calcuta, 8 días
De Calcuta a Hong Kong, 13 días
De Hong Kong a Yokohama, 6 días
De Yokohama a San Francisco, 22 días
De San Francisco a Nueva York, 7 días
De Nueva York a Londres, 9 días

Calcula los kilómetros recorridos, cada día, en los trayectos siguientes:

a. De Londres a Suez
b. De Bombay a Calcuta
c. De Hong Kong a Yokohama
d. De Nueva York a Londres

– ¿En qué etapa tienen que recorrer más kilómetros por día? ¿En cuál menos?

11. La mitad del recorrido de Londres a Suez se llevó a cabo en tren. ¿Cuántos kilómetros son? Si el resto del trayecto se hizo en barco, ¿cuántos kilómetros se hicieron con este transporte?

LAS FRACCIONES

Durante el viaje, Phileas Fogg y sus acompañantes utilizaron distintos medios de transporte. Algunos, una sola vez y otros, en más de una ocasión.

12. Fíjate en las imágenes:

– Escribe las fracciones que representan:

a. Los trayectos en barco.

b. Los trayectos en tren.

c. Los trayectos en elefante.

d. Los trayectos en trineo.

13. Presta atención a las fracciones que has escrito y:

a. Escribe cuál es el denominador de las fracciones anteriores.

b. Di cuáles son las fracciones mayores y cuáles las menores.

c. Escribe tres fracciones mayores que las de mayor valor.

d. Escribe tres fracciones que se encuentren entre las de mayor y las de menor valor.

14. Antes de emprender el viaje, Phileas Fogg salió de su club a las 19:25 y llegó a su casa a las 19:50. ¿Cuántos segundos tardó en llegar?

15. El viaje de Phileas Fogg empezó en Londres el 2 de octubre de 1872 a las 20:45 y terminó, también en Londres, el 20 de diciembre de 1872 a las 20:50. ¿Cuántos días y minutos habían transcurrido en Londres?

– ¿Cuántos años, meses y días han pasado desde entonces?

16. La previsión era llegar el 21 de diciembre a las 20:45. ¿Con cuántos minutos de adelanto llegó a Londres?

17. Las medidas de la bolsa de viaje son las siguientes:

- largo: 60 cm
- alto: 40 cm
- ancho: 35 cm

– Expresa las medidas en mm.

18. Si el equipaje pesa 7 kg y 352 g, ¿cuántos gramos pesa?

19. Uno de los barcos en los que podía haber viajado Phileas Fogg en su trayecto desde Nueva York a Inglaterra era el *RMS Atlantic*.

Medía 128 metros de eslora (largo) y 12 metros de manga (ancho).

– Expresa estas medidas en centímetros y en milímetros.

20. Un trasatlántico actual como el *RMS Queen Mary 2* mide 345 metros de eslora y 45 metros de manga.

– Compara sus medidas con las del *RMS Atlantic*. Expresa la diferencia en centímetros y en milímetros.

1 Álbum de viaje

LOS CONTENIDOS

- Números de seis cifras. Descomposición, comparación y ordenación
- La suma y la resta. Propiedades de la suma
- Operaciones con paréntesis
- Poliedros y cuerpos redondos

Inteligencias múltiples

TAREA INTEGRADA

Aprende a utilizar el ábaco

Investiga

Si hicieras un viaje en el tiempo, ¿qué instrumentos para contar encontrarías?

http://links.edebe.com/hjxir

Elabora

Uno de los elementos que continúa vigente es el ábaco:

- ¿En qué consiste?
- ¿Qué tipos hay y cómo se utilizan?
- ¿Para qué se sigue utilizando?...

http://links.edebe.com/zsufay

Elabora una presentación, en papel o digital.

Presenta

«En mi viaje en el tiempo, he visto que el ábaco sigue...».

Exponed vuestra experiencia y ayudaos de algún ábaco.

NÚMEROS DE SEIS CIFRAS

Una de las etapas del viaje que más me ha gustado ha sido la ciudad de Stuttgart, que tiene una población de 591.015 habitantes. Especialmente, la iglesia de Johannes junto a la laguna Feuersee.

CM	DM	UM	C	D	U
5	9	1	0	1	5

1 CM = 100.000 U	1 DM = 10.000 U	1 UM = 1.000 U	1 C = 100 U	1 D = 10 U	1 U = 1 U

5 × 100.000 + 9 × 10.000 + 1 × 1.000 + 0 × 100 + 1 × 10 + 5 × 1

500.000 ... **5**

El *quinientos noventa y un mil quince* tiene centenas de millar, decenas de millar, unidades de millar, centenas, decenas y unidades. Aunque la cifra 5 se repite, su valor cambia en cada caso.

En nuestro sistema decimal de numeración, el valor de cada cifra depende de la posición que ocupa en el número.

1. ¿Cuántas decenas de millar hay en 1 centena de millar? ¿Cuántas centenas?
2. Escribe, con cifras y con letras, los números que corresponden a estas descomposiciones:
   - **a.** 400.000 + 30.000 + 5.000 + 700 + 80 + 9
   - **b.** 700.000 + 40.000 + 2.000 + 300 + 90 + 1
   - **c.** 100.000 + 9.000 + 500 + 30 + 8
   - **d.** 200.000 + 70.000 + 1.000 + 9
3. Descompón estos números en suma de productos y represéntalos en ábacos:
   - **a.** 374.892
   - **b.** 951.203
   - **c.** 100.001
   - **d.** 232.974
   - **e.** 784.395
   - **f.** 601.320
   - **g.** 339.765
   - **h.** 512.689

4. ¿Cuánto vale el 7 en estos números? Señala los casos en que tiene mayor valor.

a. 173.003 **c.** 120.007 **e.** 784.395 **g.** 217.320

b. 704.521 **d.** 232.974 **f.** 339.765 **h.** 512.687

5. Escribe con cifras y descompón en forma de suma y de suma de productos.

a. Setecientos veinticinco mil doscientos treinta

b. Ciento sesenta y ocho mil ciento doce

c. Novecientos noventa y nueve mil novecientos noventa y nueve

d. Quinientos cuarenta y siete mil cuatrocientos diecisiete

6. Estas descomposiciones son erróneas. Corrígelas y escribe los números con cifras.

a. 25 D + 4 UM + 3 U + 9 DM + 1 CM

b. 12 U + 4 C + 1 UM + 5 DM + 8 CM

c. 37 DM + 28 C + 30 U

d. 6 CM + 2 DM + 479 D + 1 U

– Explica por qué estas descomposiciones no son correctas.

7. Ordena de menor a mayor:

64.072 – 3.003 – 172 – 137.602

604.072 – 30.003 – 17.200

8. Selecciona seis municipios de tu provincia o comunidad autónoma que superen los 100.000 habitantes, pero no los 500.000.

a. Anota los números, escribe cómo se leen y descomponlos.

b. Ordena las seis localidades de mayor a menor número de habitantes.

http://links.edebe.com/zj

RECUERDA: Para comparar dos números, sigue estos pasos:

1.º Si tienen distinto número de cifras, el que tiene más cifras es el mayor.

34.567 > 4.567

2.º Si tienen el mismo número de cifras, compáralas posición a posición empezando desde la izquierda.

34.567 ↔ **3**4.576 → 3 = 3

3**4**.567 ↔ 3**4**.576 → 4 = 4

34.**5**67 ↔ 34.**5**76 → 5 = 5

34.5**6**7 ↔ 34.5**7**6 → 6 **<** 7

Por lo tanto, 34.567 < 34.576.

SUMA Y RESTA

El cuentakilómetros de nuestro autocar marca 367.986 km y el del autocar del otro grupo que nos acompaña en el viaje, 289.325 km.

¿Cuántos kilómetros han recorrido entre los dos autocares?

Para averiguarlo, debemos sumar:

	CM	DM	UM	C	D	U
	1	1	1	1	1	
	3	6	7	9	8	6
+	2	8	9	3	2	5
	6	5	7	3	1	1

Entre los dos han recorrido 657.311 km.

Recuerda colocar las cifras en columnas y tener en cuenta las llevadas si las hay.

En la resta, el minuendo tiene que ser mayor que el sustraendo.

¿Cuántos kilómetros ha recorrido un autocar más que el otro?

Para saberlo, tenemos que restar:

	CM	DM	UM	C	D	U
	3	6	7	9	8	6
–	2+1	8+1	9	3	2	5
	0	7	8	6	6	1

La diferencia entre los autocares es de 78.661 km.

Para saber si una resta está bien resuelta efectuamos una suma:

SUSTRAENDO + DIFERENCIA = MINUENDO

9. Efectúa estas operaciones:

a. 13.456 + 467.489
b. 633.211 + 291.786
c. 255.652 – 43.789
d. 425.754 – 203.467
e. 839.565 + 124.424 + 23.508
f. 9.278 + 96.345 + 375.641

10. Escribe y resuelve una suma y una resta con estas parejas de números:

a. 668.643 y 273.088
b. 584.928 y 309.275
c. 385.846 y 296.927
d. 673.295 y 282.958
e. 485.648 y 437.285
f. 565.295 y 429.602

11. Calcula la diferencia entre estas cantidades y comprueba los resultados:

a. 233.453 y 4.864 **c.** 2.729 y 145.312 **e.** 8.765 y 9.876

b. 63.688 y 164.455 **d.** 157.987 y 161.987 **f.** 34.343 y 39.879

12. Ahora estamos en el hotel 789 personas. Si esta mañana se han ido 354 turistas, ¿cuántos éramos anoche?

13. Habíamos ahorrado 1.325 € para estas vacaciones y, al final, hemos gastado solo 697 €. ¿Cuánto nos ha sobrado?

14. En una ciudad vivían 146.532 habitantes y ahora lo hacen 147.653. ¿Cuánta gente vive más en ella en la actualidad?

15. Después de 10 días de viaje, hemos recorrido un total de 3.899 kilómetros. Si el cuentakilómetros de nuestro autocar marca 367.986 km, ¿cuántos marcaba al inicio del viaje?

16. Hemos visitado una galería de arte donde había obras muy valiosas. Uno de los cuadros que hemos visto está valorado en 550.387 € y otro, en 384.798 €.

a. ¿Cuánto hay que pagar más por un cuadro que por el otro?

b. ¿Cuánto tendríamos que pagar para comprar los dos cuadros?

17. Una pequeña localidad ha contabilizado un total de 248.686 visitantes en julio y 383.672 en agosto.

a. ¿Cuántas personas han visitado la localidad estos meses?

b. ¿Qué mes ha recibido más visitantes? ¿Cuántos más ha recibido ese mes?

18. En el momento de máxima afluencia a un festival de música rock se reunieron 605.378 personas. De ellas, 203.489 estaban viendo el concierto principal y 129.004, el segundo concierto más importante. ¿Cuántas se repartían entre los demás conciertos?

PROPIEDADES DE LA SUMA

El primer día de viaje completamos un trayecto de 257 km y el segundo día, de 132 km. ¿Cuántos kilómetros recorrimos en estos dos días?

257	km el primer día
+ 132	km el segundo día
389	km recorridos

O bien

132	km el segundo día
+ 257	km el primer día
389	km recorridos

El resultado es el mismo sin que importe el orden de los sumandos.

Propiedad conmutativa: el orden de los sumandos no altera el resultado.

El tercer día recorrimos otros 126 km. ¿Cuántos kilómetros recorrimos en total?

257 km + 132 km + 126 km

389 km + 126 km = 515 km

O bien

257 km + 132 km + 126 km

257 km + 258 km = 515 km

El resultado es el mismo, no importa qué pareja de sumandos sumamos primero.

Propiedad asociativa: los sumandos pueden agruparse de maneras distintas sin que varíe el resultado.

Finalmente, el cuarto día no nos movimos de la ciudad. ¿Cuántos kilómetros recorrimos en los cuatro días?

515 km + 0 km = 515 km

Elemento neutro: si sumamos 0 a un número, el resultado es el propio número.

19. Comprueba la propiedad conmutativa con estas sumas:

a. 42.756 + 897.004
b. 218.384 + 174.928
c. 404.012 + 834
d. 7.358 + 184.629
e. 392 + 101.745
f. 348.111 + 33.333

20. Resuelve estas sumas de varias maneras diferentes. Aplica para ello las propiedades de la suma que necesites, indicando cuál utilizas en cada caso.

a. 235 + 637 + 765
b. 18.324 + 17.628 + 372
c. 4.230 + 3.002 + 770
d. 7.358 + 2.642 + 25
e. 3.478 + 522 + 32
f. 38.164 + 83.238 + 1.836

– ¿Tienen todas las maneras de resolver las sumas la misma dificultad? ¿Qué utilidad tiene conocer las propiedades de la suma?

21. Durante el viaje he tomado 239 fotografías; mi hermano, 365 y mi hermana pequeña, ninguna. ¿Cuántas fotografías hemos tomado entre los tres?

– ¿Qué propiedades de la suma puedes aplicar en la resolución de este problema?

22. Comprueba, en cada caso, si las propiedades de la suma se pueden aplicar también a la resta.

a. Propiedad conmutativa con estos números: 203.567 y 120.876.
b. Propiedad asociativa con estos números: 106.234, 30.465 y 72.809.
c. Elemento neutro: propón tú el ejemplo.

– ¿A qué conclusión has llegado?

23. Un día que hizo buen tiempo fuimos al zoo. La entrada de adulto costaba 15 €; la de niños menores de 7 años, 6 €, y la de niños entre 7 y 14, 8 €.

¿Cuánto costaron las entradas si fuimos mi padre, mi madre, mi hermano de 11 años, mi hermana de 5 y yo, que tengo 9 años?

OPERACIONES CON PARÉNTESIS

En una chocolatería hemos comprado una caja con 15 deliciosos bombones. Al salir de la tienda nos hemos comido 2 y, al llegar al hotel, otros 3. ¿Cuántos bombones quedan?

Planteamos la operación:

Bombones comidos al salir

Bombones de la caja → 15 – (2 + 3) ← Bombones comidos en el hotel

1.º Resolvemos la operación del paréntesis. 15 – (2 + 3)

2.º Resolvemos la operación. 15 – 5 → 10

Quedan 10 bombones.

24. Plantea la operación anterior sin el paréntesis y resuélvela.

15 – 2 + 3 = ?

– ¿Obtienes el mismo resultado? Razónalo.

– Inventa un problema que se resuelva con esta operación.

25. Comprueba estas operaciones combinadas y corrige las erróneas:

a. 13 + (9 – 6) = 18

b. 56 – 23 – (45 – 35) = 33

c. (12 + 34) – 29 = 19

d. (24 – 12) + (14 + 2) – 8 = 28

26. Calcula estas operaciones combinadas y relaciona las que tengan el mismo resultado:

a. 20 – (12 + 3)

b. 8 + (12 – 5)

c. (21 + 4) – 12

d. (12 – 9) + 2

e. (18 – 6) + 3

f. 26 – (8 + 5)

27. Relaciona en tu cuaderno cada operación con su resultado:

49 – (16 + 9) 49 + (16 – 9) (49 + 9 – 16) + (10 – 4) + 5 (49 – 16) – (10 – 5)

53 56 28 24

28. Indica en tu cuaderno cuál es la solución de cada operación combinada:

a. (12 – 7) + 5	9	12	10
b. 22 – (12 – 10) + 7	23	27	25
c. (32 – 10) + (12 – 7) + 3	20	24	30
d. 20 + (12 – 8) + 3	24	27	28

29. Completa en tu cuaderno estas operaciones:

a. 25 + (12 – 8) = 25 + ... = 29

b. (12 + 3) + (9 – 2) + 7 = ... + ... + 7 = 29

c. 14 – (10 – 7) + 12 = 14 – .... + 12 = ...

d. 8 + (12 – 5) – (9 – 7) = 8 + ... – .... = ...

30. Escribe los signos +, – para que las igualdades sean correctas. Compara los resultados con los de tus compañeros y compañeras.

a. (6 .... 8) .... 3 = 11

b. 20 .... (3 .... 12) = 5

c. 12 .... (7 .... 5) = 10

d. (8 .... 3) .... 7 = 12

31. Escribe los números que faltan.

a. .... – (8 + ...) = 8

b. (.... – ....) + 10 = 12

c. .... – (.... + 2) = 9

d. (.... + 5) – .... = 11

32. Sustituye los números destacados por operaciones entre paréntesis. Fíjate en el ejemplo:

32 – **12** = 20 → 32 – **(20 – 8)** = 20

a. 23 + **12** = 35

b. **19** – 13 = 6

c. **12** – 4 + **1** = 9

d. **42** – 24 + **12** = 30

33. Coloca los paréntesis para que se cumplan las igualdades.

a. 8 + 5 – 3 = 8 + 2 = 10

b. 32 – 12 – 10 = 32 – 2 = 30

c. 12 + 5 – 7 = 17 – 7 = 10

d. 40 – 5 + 8 + 2 = 35 + 10 = 45

34. Identifica los errores y resuelve correctamente en tu cuaderno.

a.
22 + (12 – 8) – (10 – 5)
22 + 5 – 5
27 – 5
21

b.
(45 – 23) + 14 – (12 – 6)
23 + 14 – 6
37 – 6
30

c.
36 – (12 – 10) + 8
36 – 1 + 8
34 + 8
42

35. Inventa un problema que se solucione con la siguiente operación combinada:

(16 + 4) – (8 – 3) + 5

POLIEDROS

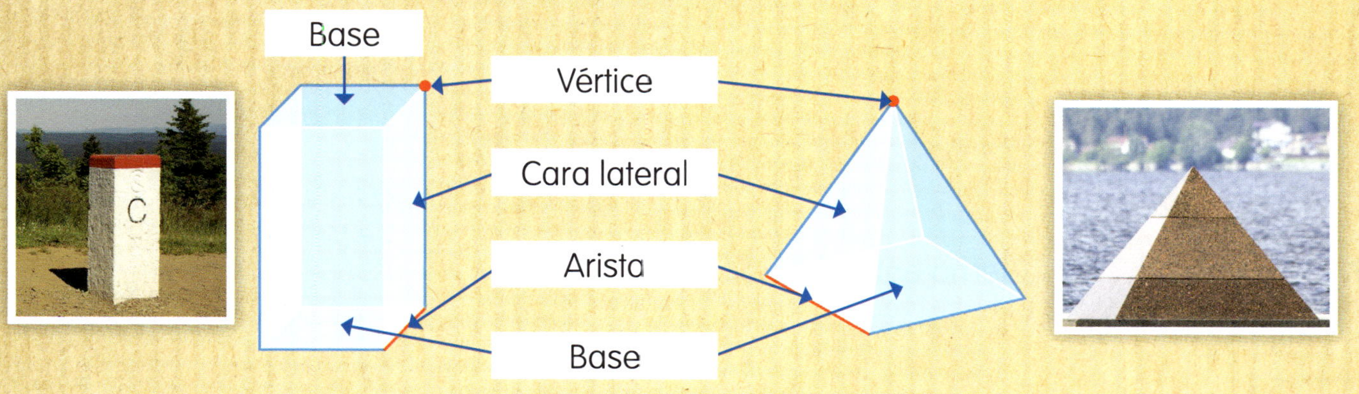

El **prisma rectangular** tiene:

- 2 bases rectangulares
- 4 caras laterales rectangulares
- 8 vértices
- 12 aristas

La **pirámide cuadrangular** tiene:

- 1 base cuadrada
- 4 caras triangulares
- 5 vértices, 1 de ellos es la cúspide
- 8 aristas

Los poliedros son cuerpos geométricos con todas las caras planas. Los clasificamos así:

POLIEDROS

Todas sus caras son planas.

2 bases paralelas — N.º de caras laterales — 1 base

PRISMAS	N.º de caras laterales	PIRÁMIDES
Prisma triangular	3	Pirámide triangular
Prisma cuadrangular	4	Pirámide cuadrangular
Prisma pentagonal	5	Pirámide pentagonal
Prisma hexagonal	6	Pirámide hexagonal

36. Accede a los enlaces web y completa una tabla como la del modelo con los datos de estos cuerpos:

a. Prisma hexagonal

b. Prisma pentagonal

c. Prisma cuadrangular

d. Pirámide hexagonal

e. Pirámide pentagonal

f. Pirámide cuadrangular

Cuerpo	N.º de caras	N.º de vértices	N.º de aristas
Prisma...			

INDICACIONES:

- Aumenta o disminuye el número de caras del poliedro haciendo clic en los signos + o –.
- Haz clic con el ratón encima de la figura y mantén presionado mientras lo mueves; así podrás girar el cuerpo geométrico y contar bien sus caras, vértices y aristas.
- Cuando accedas al *link* de las pirámides, mueve primero el vértice hacia arriba para formar una pirámide.

http://links.edebe.com/gus

http://links.edebe.com/w8qp

37. ¿Qué crees que tienen en común todos los cuerpos anteriores?

Efectúa este cálculo con los datos que has anotado en la actividad anterior y explica qué observas.

CARAS + VÉRTICES – ARISTAS

38. ¿Qué tipo de prisma es un cubo?

39. Cada vez que añadimos una cara lateral más a un prisma, obtenemos otro. Investiga y escribe los nombres de los prismas de 7, 8, 9, 10 y 11 caras laterales.

Agudiza el ingenio

Tienes una colección de pirámides triangulares con todas sus caras iguales, y quieres pintarlas con pinturas roja y azul de modo que no haya dos pirámides iguales. Puedes pintar:

- Una pirámide con todas las caras rojas.
- Una con todas las caras azules.
- Pirámides con caras rojas y caras azules.

¿Cuántas pirámides distintas habrás pintado al final?

CUERPOS REDONDOS

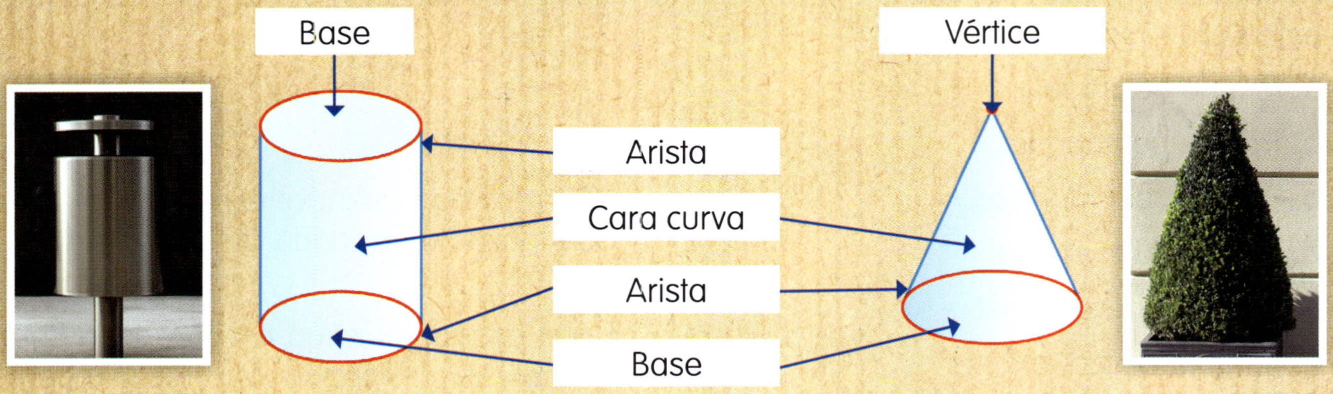

El **cilindro** tiene:
- 1 cara curva
- 2 bases circulares paralelas
- 2 aristas

El **cono** tiene:
- 1 cara curva
- 1 base circular
- 1 vértice
- 1 arista

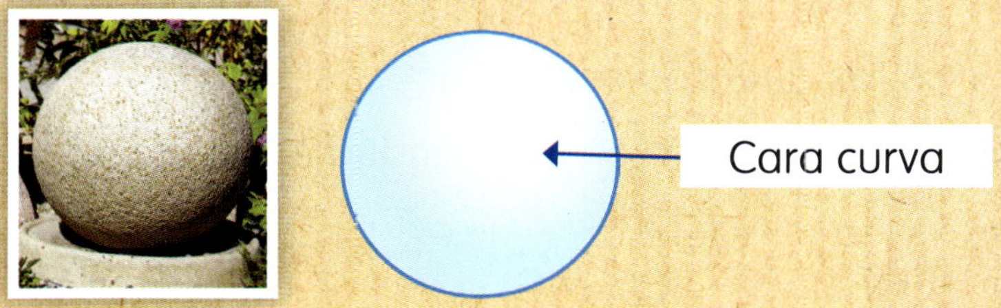

La **esfera** solo tiene:
- 1 cara curva

Los cuerpos redondos son cuerpos geométricos que tienen al menos una cara curva. Los clasificamos así:

40. ¿Qué cuerpos geométricos componen este lápiz?

– Busca otros tres objetos de tu entorno, dibújalos en tu cuaderno y escribe qué cuerpo o cuerpos los componen.

41. Empareja de dos maneras diferentes estos cuerpos geométricos y argumenta.

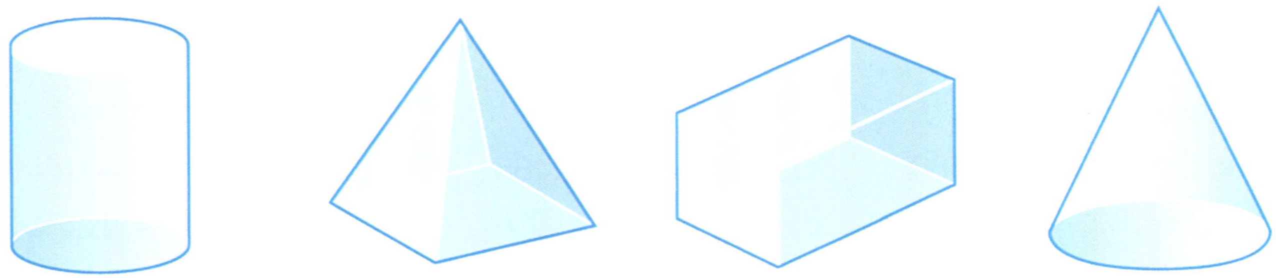

42. En este jardín, los arbustos están cortados con formas de cuerpos geométricos.

– Calca o dibuja en tu cuaderno todas las formas distintas que se observan e indica de qué tipo de cuerpo se trata.

– Enumera los cuerpos geométricos que conoces y no aparecen en la fotografía.

43. Elabora en tu cuaderno un mapa mental de los cuerpos geométricos. Toma como base este esquema y complétalo con los términos, las ideas y los dibujos que te parezcan más adecuados.

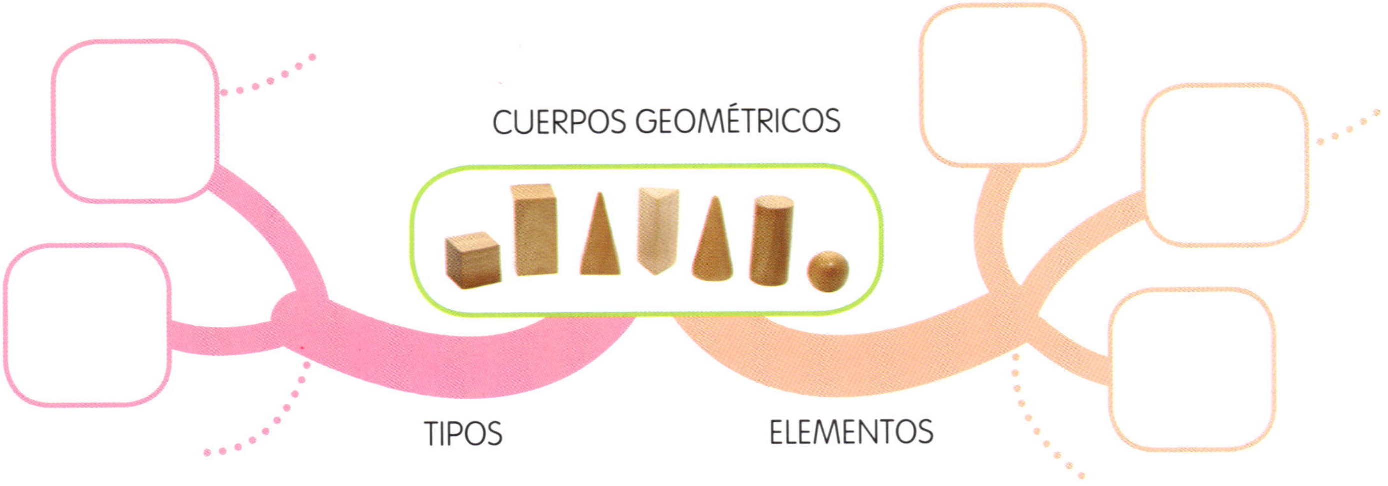

PRACTICA

44. Descompón en forma de suma y de suma de productos:

a. 768.088 **c.** 385.927 **e.** 485.285

b. 584.275 **d.** 673.958 **f.** 565.602

45. Escribe con cifras los números correspondientes. Escribe también cómo se leen.

a. 7 CM + 2 DM + 4 UM + 6 C + 9 D + 3 U **c.** 2 CM + 1 DM + 5 UM + 8 D + 1 U

b. 9 CM + 3 DM + 9 UM + 7 C + 5 U **d.** 3 CM + 7 DM + 2 UM + 2 C + 4 D + 8 U

46. Calcula:

a. 544.869 – 398.386 **c.** 768.385 + 196.485 **e.** 200 – (86 – 84) – (16 + 44)

b. 657.393 – 47.452 **d.** 35 – (55 + 73) + 76 **f.** 200 – 86 – 84 – 16 + 44

47. Aplica las propiedades de la suma para resolver estas operaciones de la manera más sencilla posible. Indica en cada paso qué propiedad has aplicado.

a. 435 + 342 – 435 **c.** 6.754 + 1.342 + 3.246 **e.** 14.657 + 13.028 – 5.028

b. 8.432 – 1.345 + 568 **d.** 45.730 + 89.000 – 730 **f.** 35.874 – 27.874 + 1.967

48. La producción total de aceite de oliva de una zona de la provincia de Huesca es de 675.903 L. De esta cantidad, 205.487 L provienen de olivas arbequinas, 27.073 L de olivas negrales y el resto de olivas verdeñas. ¿Cuántos litros de aceite de olivas verdeñas se han producido?

49. Un día, Ana soñó con los moáis de la isla de Pascua. Se informó y vio que el viaje costaba 5.348 €. Trabajó duro y, después de un tiempo, consiguió ahorrar los 3.406 € que le faltaban. ¿Cuánto dinero tenía el día de su sueño?

50. Descubre los términos que faltan en estas restas:

a. 245.758 – ? = 171.527 **b.** ? – 304.749 = 10.647 **c.** 958.546 – ? = 345.987

51. Dos alumnos han contado las caras, las aristas y los vértices del mismo poliedro. Fíjate en sus respuestas y di quién tiene razón y por qué.

Alumno A: 9 caras, 14 vértices, 16 aristas **Alumno B:** 9 caras, 14 vértices, 21 aristas

CÁLCULO MENTAL

Observa estos ejemplos:

$$25 \; + 18 = 25 \; + 20 - 2 = 43$$

Para sumar, sumamos la decena siguiente y restamos las unidades que sobran.

$$25 \; - 18 = 25 \; - 20 + 2 = 7$$

Para restar, restamos la decena siguiente y añadimos las unidades que faltan.

52. Calcula mentalmente:

a. 45 + 67
b. 34 + 26
c. 89 + 17
d. 73 + 49
e. 62 + 37
f. 58 + 46
g. 21 + 38
h. 47 + 57
i. 67 − 48
j. 34 − 26
k. 83 − 18
l. 73 − 49
m. 62 − 37
n. 58 − 46
ñ. 38 − 29
o. 55 − 47

MUEVE EL PENSAMIENTO

Rutina

Círculo de puntos de vista

Personas distintas viven de manera diferente una misma situación. Con esta rutina vas a aprender a ponerte en el lugar de otros para analizar una situación.

Ana vende su tableta a Juan por 100 €. Unos días después, Juan le devuelve a Ana la tableta a cambio de 90 €. Al final, Ana vende la tableta a Olga por 80 €.

Elige un personaje y analiza esta compraventa desde su punto de vista.

Fases

1. Estoy pensando en… desde el punto de vista de…

2. Yo creo…

3. Una pregunta que tengo desde este punto de vista es…

4. ¿Qué nuevas ideas tienes acerca del tema que antes no tenías?

PARA TERMINAR

PON EN PRÁCTICA

Competencias

Una de las últimas visitas del viaje fue al palacio de Nymphenburg, en Múnich.

Su construcción se inició en 1664 y, durante años, se fueron añadiendo pabellones y se hicieron reformas y redecoraciones. En 1792, sus jardines se abrieron al público.

1. Fíjate en la imagen y realiza un dibujo sencillo de esta parte del edificio y del jardín utilizando solamente cuerpos geométricos.

a. ¿Qué cuerpos has utilizado?

b. Indica cuáles de estos cuerpos son poliedros y cuáles cuerpos redondos. Enumera sus características.

2. ¿Cuántos años transcurrieron entre el inicio de la construcción y la apertura de los jardines al público?

3. En el palacio pueden visitarse 9 salas en el edificio central, 5 en el ala norte, y 7 en el ala sur. Cada uno hemos propuesto un itinerario para visitarlo:

– Yo he propuesto iniciar la visita por el ala norte, seguir por el centro y terminar en el ala sur.

– Mi padre ha propuesto iniciar el recorrido por el centro, seguir por el ala norte y terminar por la sur.

– Mi madre propone iniciar el recorrido en el ala sur, seguir por el centro y terminar por el ala norte.

PON EN PRÁCTICA

– Mi hermano propone iniciar el recorrido en el centro, seguir por el ala sur y terminar por la norte.

a. Calcula el número de salas que visitaríamos si siguiéramos cada uno de estos recorridos.

b. ¿Qué observas? ¿Qué propiedades se cumplen? Explícalas con tus palabras.

4. En la oficina de turismo quieren destacar qué mes de la temporada de verano ha registrado el mayor número de turistas. Estos son los datos:

Junio	Julio	Agosto	Septiembre
123.937	245.432	381.235	123.953

a. Descompón los números que han obtenido en CM, DM, UM, C, D, U.

b. Ordena los meses de mayor a menor número de turistas.

c. Calcula el número de turistas entre los dos meses con más visitas.

d. Calcula la diferencia entre el mes con más visitas y el que ha recibido menos.

e. ¿Qué meses han registrado un número parecido de turistas? ¿Cuál es la diferencia entre ellos?

EMPRENDE

Has finalizado el viaje en familia y tienes que guardar tu ropa y los recuerdos que habéis comprado, algunos de ellos frágiles, en la maleta. ¿De qué modo los colocarías para aprovechar al máximo el espacio y para que no se rompan?

REFLEXIONA

Diario de aprendizaje

¿Qué has aprendido de nuevo en esta unidad? ¿Cuáles son las dificultades que has tenido?

¿En qué situaciones del día a día puedes aplicar lo que has aprendido en este tema?

En el trabajo en equipo, ¿qué has aportado al grupo? ¿En qué te ha ayudado su aportación?

2 Los videojuegos

LOS CONTENIDOS

- La multiplicación. Propiedades: conmutativa, asociativa y elemento neutro. Multiplicación con llevadas.
- Representación rectangular de los números. Múltiplos y divisores. Números primos y números compuestos.
- Cuerpos geométricos: planta y alzado. Desarrollo plano de los cuerpos geométricos. Figuras planas.

Inteligencias múltiples

TAREA INTEGRADA

Números poligonales

Investiga

En la Antigüedad, los matemáticos se dieron cuenta de que los números podían representarse con figuras geométricas:

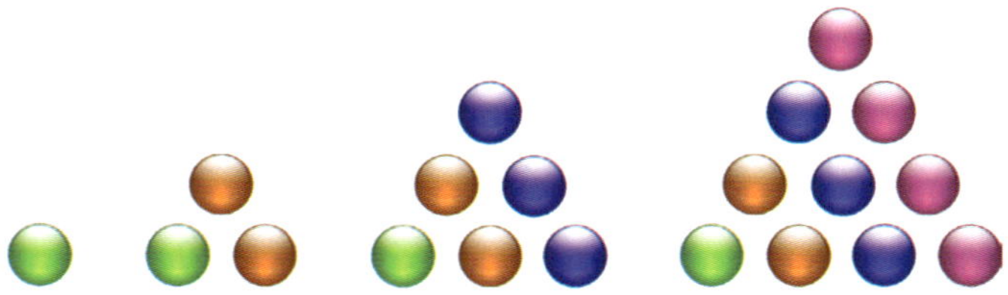

Elabora

- ¿Quiénes construyeron los primeros números poligonales? ¿En qué época?
- Construye series de números poligonales.
- Busca relaciones entre los números poligonales.

http://links.edebe.com/ye8w

http://links.edebe.com/c9aiye

Indaga en la historia de las matemáticas y elabora una presentación sobre los números poligonales.

Presenta

Expón tu presentación al resto de la clase.

LA MULTIPLICACIÓN

En un videojuego somos campesinos que cuidan las plantas y los animales de una granja. En una pantalla hay que recoger, en veinte segundos, todas las fresas posibles. Por cada una, nos dan 5 puntos. ¿Cuántos puntos hemos obtenido si hemos recogido 7 fresas?

5 + 5 + 5 + 5 + 5 + 5 + 5 = 35

Hemos obtenido 35 puntos.

Para calcularlo, hemos sumado el número 5 un total de 7 veces:

$$7 \text{ veces } 5 = 5 + 5 + 5 + 5 + 5 + 5 + 5 = 35$$

$$5 \times 7 = 35$$

Se lee «5 multiplicado por 7» o «5 por 7».

Multiplicar es sumar el mismo número una cantidad determinada de veces.

Términos de la multiplicación

5	Multiplicando	Factores
× 7	Multiplicador	Factores
35	Producto	

Signo de la multiplicación → ×

Una multiplicación está formada por el **multiplicando,** el **multiplicador (factores)** y el **producto.** El multiplicando es el número que se suma y el multiplicador indica las veces que se suma el multiplicando.

1. En otra pantalla del videojuego deben llenarse jarrones con flores.

a. ¿Cuántas flores hay en cada grupo?

b. ¿Cuántos grupos hay?

c. ¿Cuántas flores hay en total? Cuéntalas con una suma y con una multiplicación.

2. Preparamos cestas con 7 manzanas para vender en una frutería. Si hemos preparado 8 cestas, ¿cuántas manzanas hemos recogido? Cuéntalas con una suma y con una multiplicación.

– Si por cada cesta que llevamos a la frutería obtenemos 3 monedas, ¿cuántas monedas obtendremos con las 8 cestas?

3. En la granja hay 8 caballos y debemos ponerles herraduras a todos. ¿Cuántas herraduras deberemos colocar en total?

4. Para alimentar unos polluelos, nos piden que pongamos en el comedero 9 gramos de maíz para cada uno. Si hay 3 polluelos, ¿cuántos gramos de maíz tendremos que poner? Calcúlalo con una suma y con una multiplicación.

5. Cloe ha superado 7 pantallas del primer nivel, igual que María y Juan. ¿Cuántas pantallas han superado entre los tres?

6. Completa en una cartulina una tabla pitagórica como esta para recordar las tablas de multiplicar.

Observa que los productos de cada multiplicación se encuentran en la celda donde se cruzan el valor de la cantidad por el número de grupos o veces.

Cuando hayas terminado la tabla, recórtala y plastifícala para conservarla mejor.

		Número de grupos o veces									
	×	1	2	3	4	5	6	7	8	9	10
Cantidad	1										
	2		**4**								
	3										
	4										
	5							**35**			
	6										
	7										
	8									**72**	
	9										
	10										

PROPIEDADES DE LA MULTIPLICACIÓN

En el segundo nivel del videojuego, por cada fresa recogida se consiguen 7 puntos.

Si hemos recogido 5 fresas, ¿cuántos puntos hemos obtenido?

¡También hemos obtenido 35 puntos!

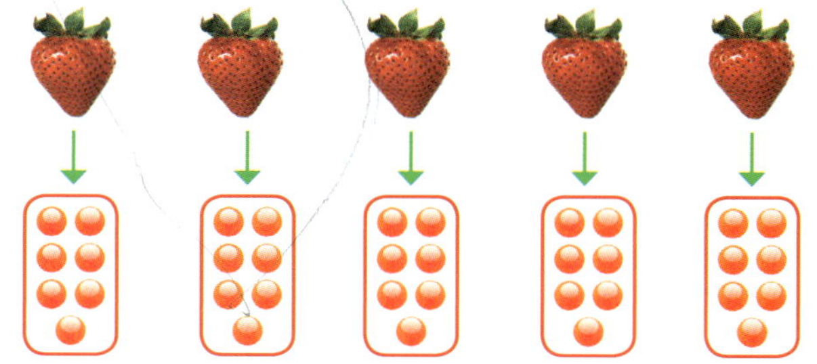

7 × 5 = 35

Propiedad conmutativa: el orden de los factores no altera el producto.

7 × 5 = 35   5 × 7 = 35

Lorena ha jugado 2 veces y ha recogido 3 fresas cada vez.

7 × 3 × 2

Para calcular el total de puntos que ha conseguido, tenemos dos posibilidades:

1. Calcular primero los puntos que ha conseguido cada vez y multiplicar por el número de veces.

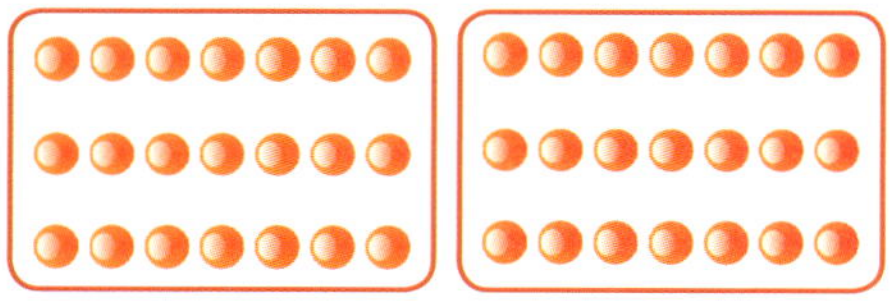

(7 × 3) × 2 = 21 × 2 = 42 puntos

2. Calcular primero las fresas que ha conseguido y multiplicar por los puntos que vale cada fresa.

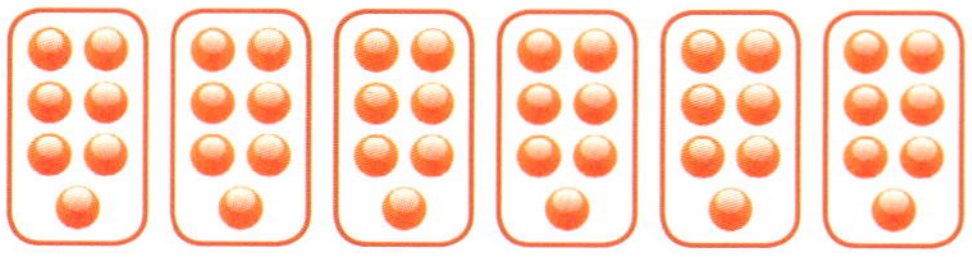

7 × (3 × 2) = 7 × 6 = 42 puntos

Propiedad asociativa: los factores pueden agruparse de cualquier manera sin que varíe el producto.

(7 × 3) × 2 = 7 × (3 × 2) = 42

Si solo hemos recogido una fresa, ¿cuántos puntos obtenemos?

Obtenemos: 7 × 1 = 7 puntos

Elemento neutro: si multiplicamos cualquier número por 1, el resultado es el propio número.

7 × 1 = 7

7. Completa en tu cuaderno las cifras que faltan en las siguientes multiplicaciones:

a. 3 × 5 = 5 × .... = 15
b. 1 × 81 = ... × .... = ...
c. 52 × .... = 2 × .... = ...
d. 10 × .... = ... × 10 = 20
e. 6 × .... = ... × .... = 36
f. 43 × .... = ... × .... = 129
g. 9 × .... = 7 × .... = ...
h. 42 × .... = 2 × .... = 84
i. 3 × 100 = ... × .... = 300

—¿Qué propiedad o propiedades has aplicado en cada caso?

8. Fíjate en esta multiplicación: 7 × 2 = 14.

a. ¿Cuáles son los factores (multiplicando y multiplicador) y el producto?

b. Si aplicas la propiedad conmutativa, ¿cómo se representa la multiplicación? ¿Cuáles son los factores?

c. Escribe con tus palabras la definición de «propiedad conmutativa».

9. Escribe qué propiedad de la multiplicación representa la imagen:

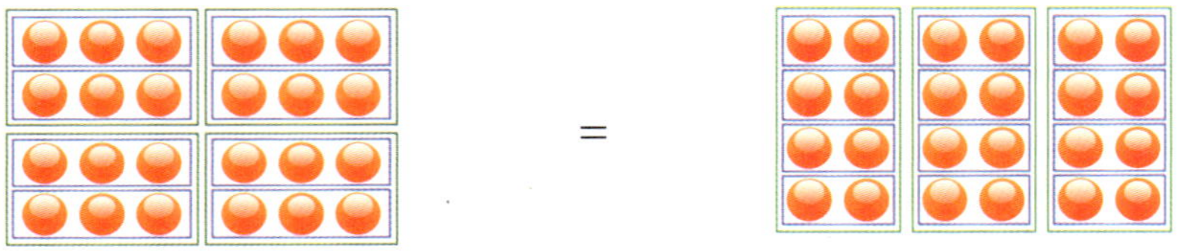

—Escribe y resuelve las multiplicaciones representadas.

10. Dos personas han comprado bananas en el mercado. Cuenta las piezas que ha comprado cada una e indica qué propiedad has aplicado.

11. Resuelve estas multiplicaciones en tu cuaderno:

a. 9 × 1
b. 6 × 2 × 3
c. 5 × 10
d. 1 × 234
e. 3 × 2 × 6
f. 10 × 5
g. 234 × 1
h. 7 × 4 × 2
i. 1 × 9
j. 2 × 3 × 1
k. 2 × 1 × 3
l. 4 × 2 × 7

– Relaciona las operaciones anteriores, dos a dos, e indica qué propiedad o propiedades de la multiplicación ejemplifican.

MULTIPLICACIÓN CON LLEVADAS

Para superar un nivel debe alcanzarse una puntuación de 154.638 puntos. Si ya he superado 6 niveles, ¿cuántos puntos he conseguido?

Se colocan las cifras de los factores y, empezando por la derecha, se multiplica una cifra del multiplicando por la del multiplicador.

6 × 8 = 48
El 8 se coloca en el lugar de las unidades y *nos llevamos* las decenas, el 4.

CM	DM	UM	C	D	U
				4	
1	5	4	6	3	8
				×	6
					8

6 × 3 = 18
Le sumamos el 4:
18 + 4 = 22
Nos llevamos 2.

CM	DM	UM	C	D	U
			2	4	
1	5	4	6	3	8
				×	6
				2	8

Y se sigue el mismo procedimiento hasta completar la multiplicación.

CM	DM	UM	C	D	U
3	2	3	2	4	
1	5	4	6	3	8
				×	6
9	2	7	8	2	8

Hemos conseguido 927.828 puntos.

12. Resuelve estas multiplicaciones:

a. 65.348 × 7
b. 37.024 × 9
c. 29.716 × 8
d. 128.799 × 4
e. 275.821 × 3
f. 106.754 × 9
g. 193.157 × 5
h. 132.867 × 6
i. 352.688 × 2
j. 86.531 × 8
k. 92.614 × 4
l. 79.253 × 7

13. Un transportista recorre 49.758 kilómetros por trimestre. ¿Cuántos kilómetros habrá recorrido en un año?

14. En un restaurante, de cada piña que compran obtienen cuatro raciones de postre. Si en el último año han comprado 17.239 piñas, ¿cuántas raciones de postre han obtenido?

15. El productor de nuestro videojuego fabrica 67.580 ejemplares en una semana. ¿Cuántos habrá fabricado en 8 semanas?

REPRESENTACIÓN RECTANGULAR DE LOS NÚMEROS

En el juego de las fresas hemos conseguido 35 puntos en dos ocasiones.

El número 35, como todos los demás, puede representarse mediante distribuciones rectangulares de puntos.

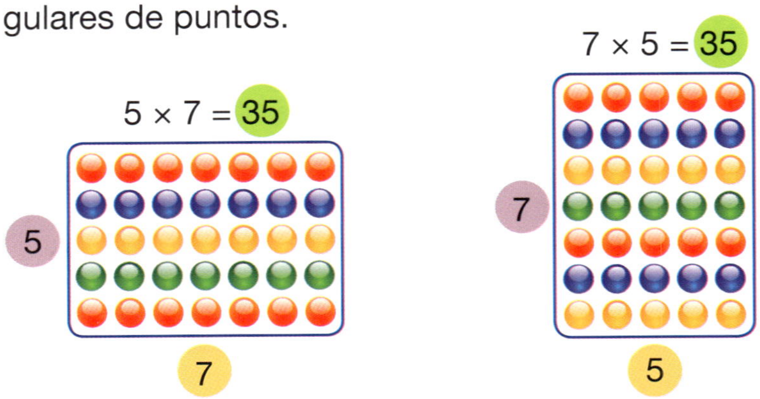

Aunque no lo parece, estas dos representaciones rectangulares son iguales porque tienen un lado de 7 puntos y otro de 5.

Cualquier número se puede representar en forma de rectángulo. Dos representaciones rectangulares se consideran iguales si los valores de sus lados son iguales.

16. Calcula los productos y represéntalos en forma de rectángulo. ¿Cuántos rectángulos diferentes eres capaz de dibujar para cada producto?

a. 7 × 8 **b.** 9 × 5 **c.** 12 × 2 **d.** 18 × 1 **e.** 6 × 8

17. Sigue el modelo, añade columnas a estas representaciones rectangulares y calcula los números que resultan. Obtén cinco números en cada caso.

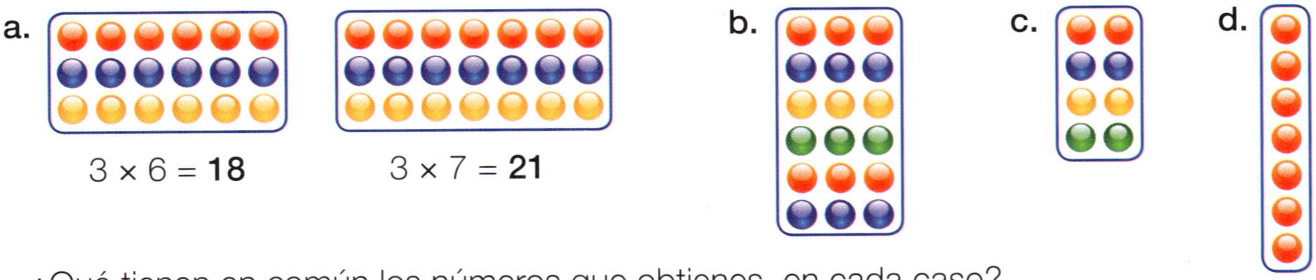

– ¿Qué tienen en común los números que obtienes, en cada caso?

18. Sigue el modelo, añade filas a estas representaciones rectangulares y calcula los números que resultan. Obtén cinco números en cada caso.

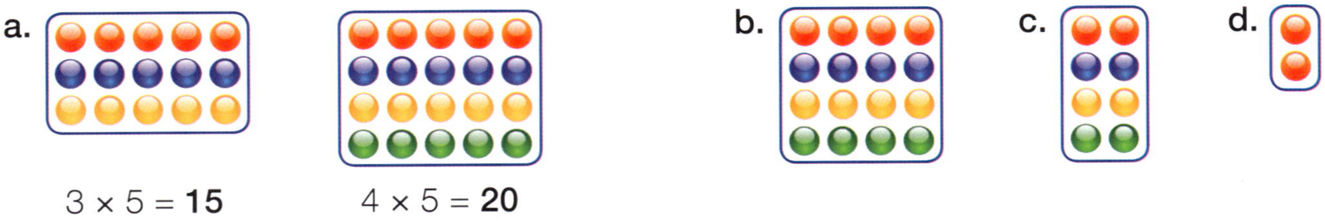

– ¿Qué tienen en común los números que obtienes, en cada caso?

MÚLTIPLOS Y DIVISORES

En el tercer nivel, por cada fresa recogida ganamos 9 puntos:

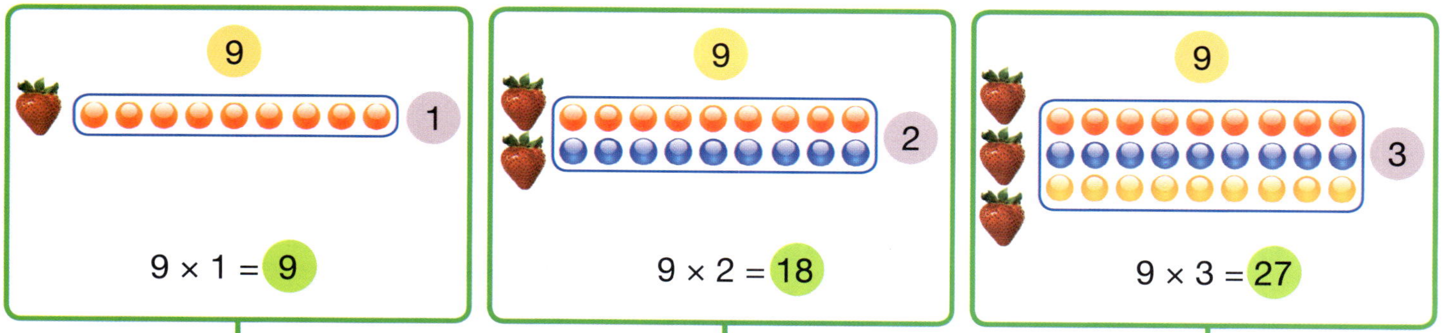

9 es múltiplo de 1 y de 9. 9 y 1 son divisores de 9.	18 es múltiplo de 2 y de 9. 9 y 2 son divisores de 18.	27 es múltiplo de 3 y de 9. 9 y 3 son divisores de 27.

En cualquier representación rectangular de un número se establecen estas relaciones:
El número es **múltiplo** de los valores de los lados.
Los valores de los lados son **divisores** del número.

19. Utiliza las tablas de multiplicar para escribir cinco múltiplos de:

a. 7 **b.** 8 **c.** 6 **d.** 3 **e.** 4 **f.** 9

– ¿Cuántos múltiplos crees que tiene un número cualquiera?

20. Observa estos números y responde:

2, 4, 6, 8, 10, 12, 14, 16, 18, 20, 22, 24, 26, 28, 30

a. ¿Cuáles son múltiplos de 2?
b. ¿Cuáles son múltiplos de 3?
c. ¿Cuáles son múltiplos de 5?
d. ¿Cuáles son múltiplos de 6?

– ¿Cuáles son múltiplos, a la vez, de 2, 3, 5 y 6?

21. Halla todos los divisores que puedas de estos números. Para ello, represéntalos en forma rectangular:

a. 12 **b.** 16 **c.** 18 **d.** 20

NÚMEROS PRIMOS Y NÚMEROS COMPUESTOS

Si un número solo se puede representar de una manera en forma de rectángulo, es un **número primo.**

1 × 7 = 7

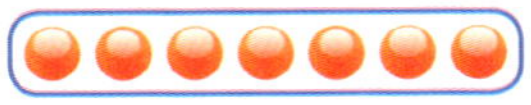

El número 7 es primo.

Si un número se puede representar de distintas maneras en forma de rectángulo, es un **número compuesto.**

2 × 9 = 18

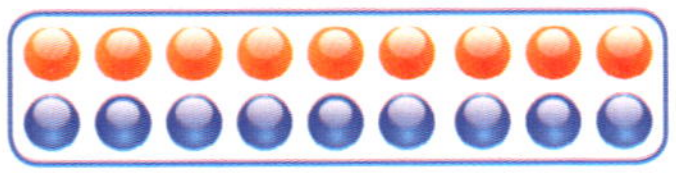

6 × 3 = 18

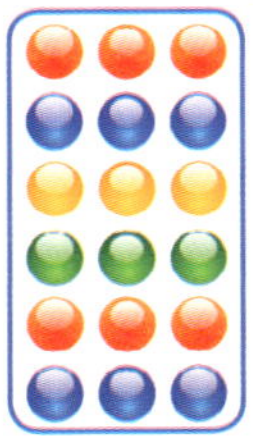

1 × 18 = 18

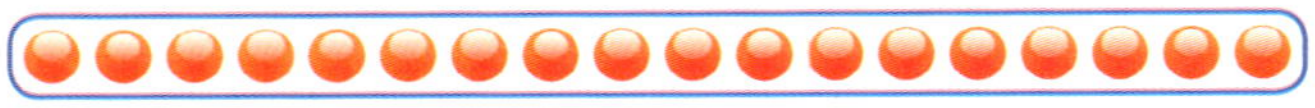

El número 18 es compuesto.

22. Descubre el número primo de cada una de estas series:

a. 2 - 8 - 4

b. 6 - 3 - 18

c. 7 - 4 - 28

d. 5 - 8 - 40

e. 2 - 22 - 11

f. 52 - 4 - 13

23. Eratóstenes fue un sabio griego que construyó la tabla de los números primos menores de 100. Escribe en tu cuaderno una tabla como esta y sigue los pasos de Eratóstenes para obtener los números primos:

1.º Colorea el número 1.

2.º Colorea los múltiplos de 2, excepto el 2.

3.º Colorea los múltiplos de 3, excepto el 3.

4.º Colorea los múltiplos de 5, excepto el 5.

5.º Colorea los múltiplos de 7, excepto el 7.

– Escribe los números que han quedado en blanco: son los números primos menores de 100. Los coloreados son los números compuestos.

– Comprueba si estos números son primos o compuestos:

a. Tu edad

b. El número de alumnos de clase

1	2	3	4	5	6	7	8	9	10
11	12	13	14	15	16	17	18	19	20
21	22	23	24	25	26	27	28	29	30
31	32	33	34	35	36	37	38	39	40
41	42	43	44	45	46	47	48	49	50
51	52	53	54	55	56	57	58	59	60
61	62	63	64	65	66	67	68	69	70
71	72	73	74	75	76	77	78	79	80
81	82	83	84	85	86	87	88	89	90
91	92	93	94	95	96	97	98	99	100

CUERPOS GEOMÉTRICOS Y FIGURAS PLANAS

Cuando jugamos al tetris, debemos encajar cuerpos geométricos formados por cubos para superar los distintos niveles.

¿Qué ves si miras un cubo desde arriba?

Un cuadrado

La vista desde arriba es la **planta.**

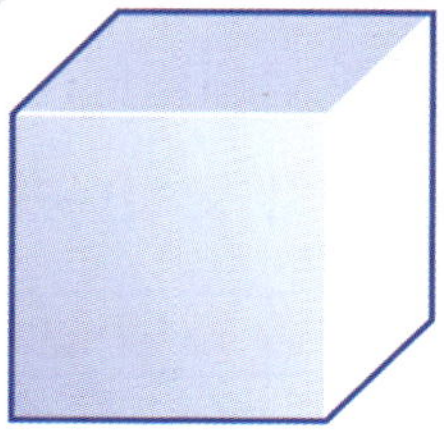

¿Y si lo miras de frente?

Un cuadrado

La vista de frente es el **alzado.**

24. Relaciona en tu cuaderno las vistas con los cuerpos geométricos que correspondan:

a. 

b. 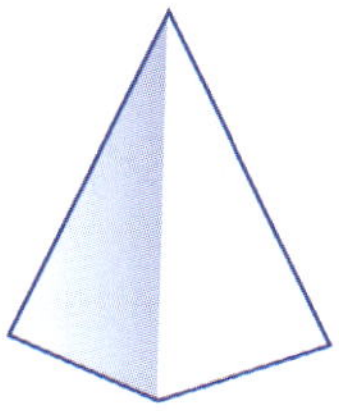

c. 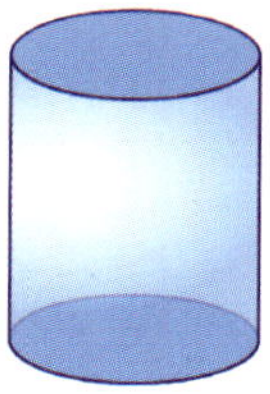

d. 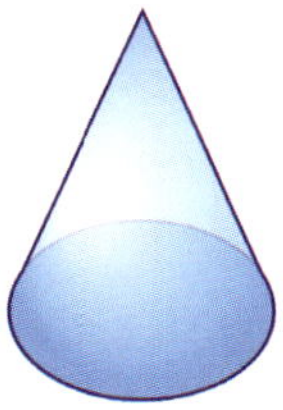

Planta:

1. 
2. 
3. 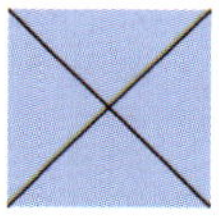
4. 

Alzado:

A. 

B. 

25. Fíjate en la planta de este cuerpo geométrico e indica qué cuerpo es.

Dibújala en tu cuaderno y marca en azul las aristas y en naranja los vértices.

Agudiza el ingenio

¿Cuál es el número máximo de caras de un prisma rectangular que puedes ver desde un solo punto de vista?

Si abrimos una caja cúbica y la desplegamos totalmente sobre una superficie plana, veremos que un cubo está formado por **seis cuadrados.**

Un cuadrado es una figura plana.

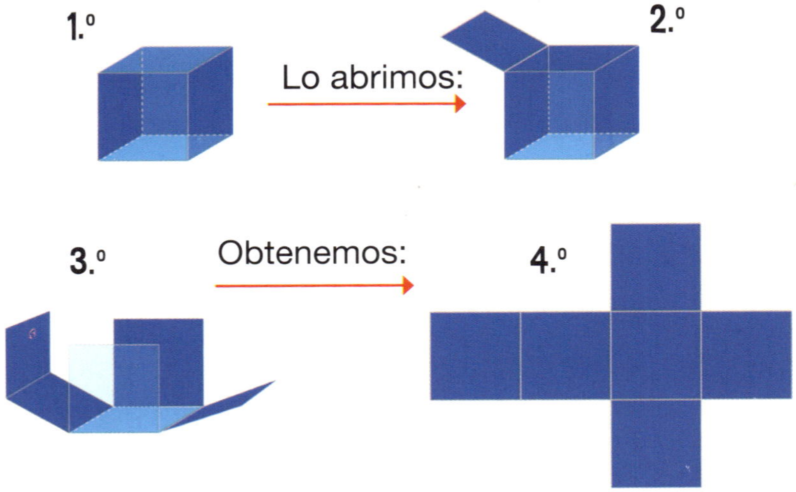

Cuando desplegamos un cuerpo geométrico, obtenemos su desarrollo plano. Las piezas que forman un desarrollo plano son **figuras planas.**

26. Observa estos desarrollos planos e identifica los cuerpos geométricos a los que pertenecen:

a. Pirámide hexagonal
b. Cono
c. Prisma triangular
d. Cilindro
e. Prisma pentagonal
f. Pirámide cuadrangular

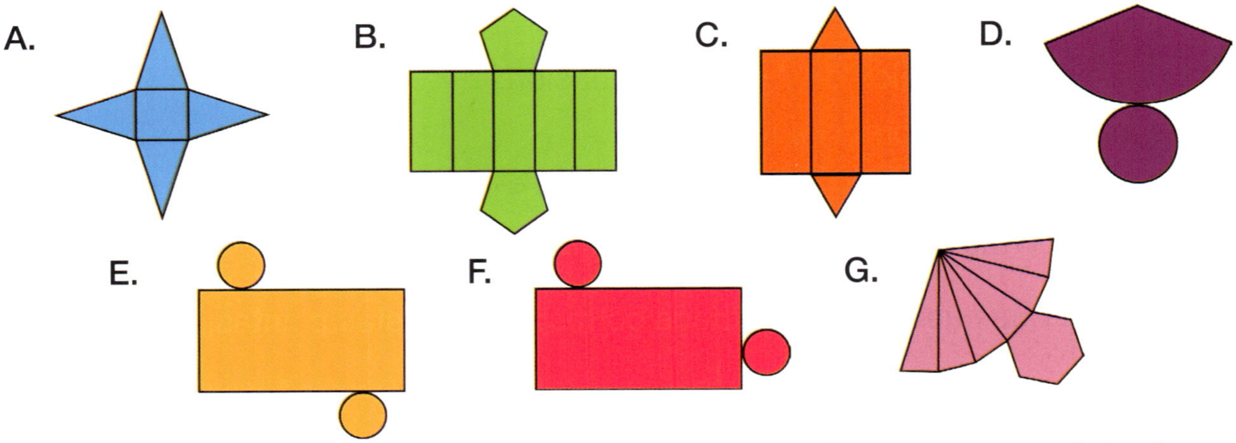

– ¿Cuál de los desarrollos anteriores no pertenece a ningún cuerpo geométrico?

– Accede a estas webs y despliega los cuerpos geométricos para ver sus desarrollos planos:

http://links.edebe.com/w8qp
http://links.edebe.com/gus

http://links.edebe.com/fyx
http://links.edebe.com/cn

PRACTICA

27. Resuelve en tu cuaderno estas multiplicaciones e indica, en cada caso, qué propiedad se cumple:

a. 18 × 5 = 5 × 18
b. 1 × 756
c. 21 × 8 = 8 × 21
d. 10 × 9 × 5 = 10 × 5 × 9
e. 6 × 25 = 25 × 6
f. 8 × 9 × 7 = 7 × 8 × 9
g. 12.345 × 1
h. 3 × 11 × 4 = 11 × 3 × 4
i. 312.312 × 1

28. ¿Cuántos marcianitos aparecen en cada pantalla?

a. Resuelve el problema con dos operaciones distintas.

b. Explica con tus palabras en qué consiste la propiedad de la multiplicación que estás aplicando.

29. Ana ha cazado 3 marcianitos amarillos en cada una de las 7 partidas que ha jugado y, por cada marcianito, ha recibido 2 puntos.

Jorge ha cazado 3 marcianitos verdes en cada una de las 2 partidas que ha jugado y, por cada marcianito, ha conseguido 7 puntos.

a. ¿Cuántos puntos ha conseguido cada jugador?

b. ¿Qué propiedad has aplicado al resolver el problema?

30. Resuelve estas multiplicaciones:

a. 38.946 × 8
b. 77.358 × 9
c. 248.659 × 4
d. 327.066 × 3
e. 157.751 × 5
f. 148.897 × 6
g. 141.989 × 7
h. 199.999 × 4

31. Escribe cuatro múltiplos de 7 y, a continuación:

a. Represéntalos en forma de rectángulo.

b. Además del 7, indica de qué otros números son múltiplos.

c. Explica con tus palabras por qué son números compuestos.

32. Identifica a qué cuerpos geométricos corresponden estas plantas:

a.

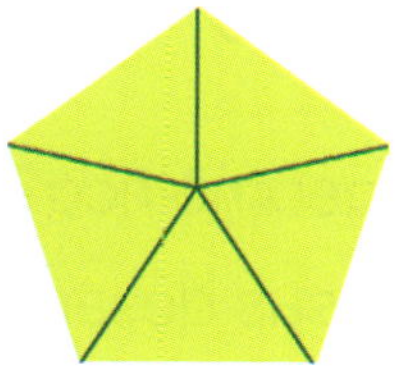

b.

33. Enumera las figuras planas que se observan en los desarrollos planos de los cuerpos de la actividad anterior.

RESOLUCIÓN DE PROBLEMAS

SIGUE LOS PASOS

En este juego he superado 11 niveles, aunque no he conseguido la máxima puntuación, 3 estrellas, en todos ellos. Si por cada estrella recibo 5.000 puntos, ¿cuántos puntos he obtenido? Si consigo superar los próximos 3 niveles con la máxima puntuación, ¿cuántos puntos habré acumulado?

1 **Busca las preguntas.** ¿Cuántos puntos he obtenido en los primeros 11 niveles? ¿Cuántos puntos tendré al final de la partida?

2 **Identifica los datos que son necesarios.**

Datos del enunciado

Máxima puntuación: 3 estrellas.

Por 1 estrella se reciben 5.000 puntos.

He superado 11 niveles y me faltan 3.

Para calcular los puntos, necesitamos saber las estrellas conseguidas en los 11 niveles superados. La imagen nos ofrece esta información: 19 estrellas.

3 **Elige la operación o estrategia adecuada.**

— Primero, averigua los puntos obtenidos en los 11 niveles iniciales:

5.000 puntos por estrella × 19 estrellas = 95.000 puntos

— A continuación, calcula el número máximo de puntos que se pueden obtener en los 3 niveles restantes, y que se añadirán a los puntos ya conseguidos:

- Calcula el número de estrellas: 3 estrellas por nivel × 3 niveles = 9 estrellas
- Calcula los puntos: 5.000 puntos por estrella × 9 estrellas = 45.000 puntos
- Suma los puntos: 95.000 puntos + 45.000 puntos = 140.000 puntos

4 **Escribe la solución.** Da respuesta a las dos preguntas del problema:

- En los primeros 11 niveles he conseguido 95.000 puntos.
- Al final de la partida tendré 140.000 puntos.

5 **Comprueba el resultado.** Revisa las operaciones que has efectuado.

34. En el mismo juego, Pablo ha superado 6 niveles con la máxima puntuación y el resto con la mínima. Ana ha superado todos los niveles con 2 estrellas.

a. ¿Cuántos puntos ha conseguido cada jugador?

b. ¿Cuál es la diferencia de puntos entre los dos jugadores?

PON EN PRÁCTICA

En una partida de tetris ya hemos cubierto todas estas filas:

1. Calcula el número de casillas cubiertas con estas piezas. Utiliza para ello multiplicaciones y sumas:

a. 

d. 

b. 

e. 

c. 

f. 

2. ¿Cuántas casillas tiene esta pantalla? Cálculalo mediante una multiplicación. Expresa la operación de dos formas diferentes e indica qué propiedad has aplicado.

– ¿Cuántas casillas están cubiertas? ¿Cuántas falta cubrir para terminar el nivel?

3. Obtén una representación rectangular del número total de casillas y:

a. Di dos números de los cuales sea múltiplo el resultado.

b. Estos dos números, ¿son primos o compuestos? Si son compuestos, represéntalos en forma rectangular de dos modos distintos.

4. Para cambiar de nivel deben alcanzarse los 32.000 puntos. Si ya hemos superado 6 niveles, ¿cuántos puntos hemos obtenido?

– Si por cuatro filas completas nos dan 2.000 puntos, ¿cuántos puntos tenemos ya en este séptimo nivel?

PON EN PRÁCTICA

5. Dibuja en tu cuaderno las vistas de estas piezas que indican las flechas:

a. 

b. 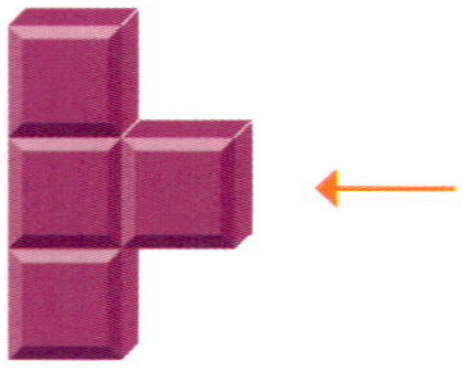

c. 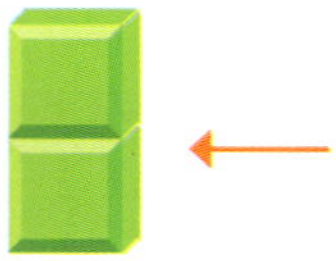

d. 

– Identifica a cuáles de las piezas anteriores corresponden estas plantas:

a. 

b. 

c. 

d. 

6. Algunas de estas figuras son desarrollos planos de piezas del tetris y otras no. Descubre cuáles lo son.

a. 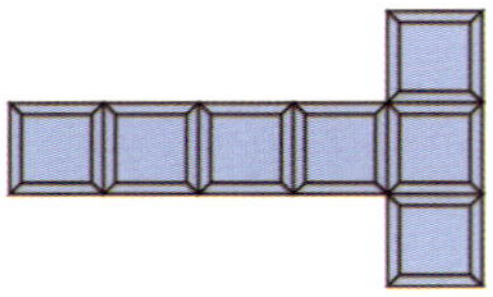

b. 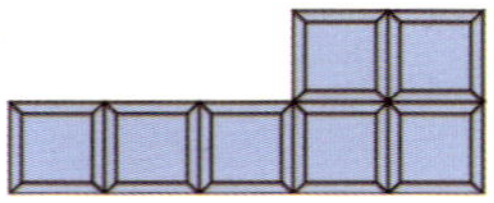

c. 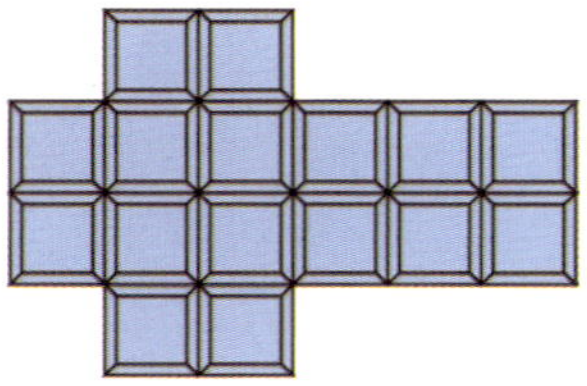

d. 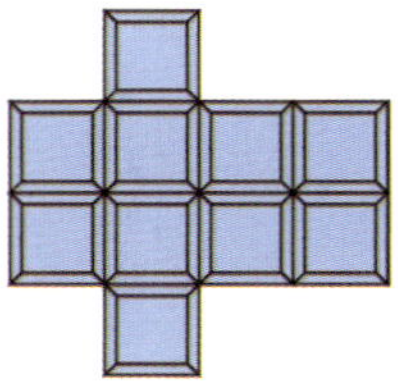

– Explica con tus propias palabras por qué las otras no lo son.

EMPRENDE

En clase os habéis propuesto crear un videojuego didáctico, que ayude a trabajar aspectos que estudiáis durante el curso.

¿Cómo lo haríais? ¿Qué aspectos decidiríais potenciar? ¿Cómo os organizaríais?

REFLEXIONA

Diario de aprendizaje

¿Qué contenidos de los que se han trabajado en la unidad utilizas con mayor frecuencia?

¿Cuáles son las mayores dificultades que has encontrado y cómo las has superado?

¿Qué te ha facilitado el trabajo con los compañeros y compañeras? ¿En qué los has ayudado?

3 ¡Fiesta!

LOS CONTENIDOS

- Sistema decimal. El valor de las cifras. Números de siete cifras.
- Operaciones combinadas, uso del paréntesis y propiedad distributiva.
- Multiplicación por cifras seguidas de cero. Multiplicador de dos y tres cifras. El cero en el multiplicador.
- Figuras planas: polígonos y círculos. Elementos.

Inteligencias múltiples

TAREA INTEGRADA
Mosaicos

Investiga

Los suelos y las paredes se cubren y se decoran con mosaicos, encajando baldosas o azulejos poligonales.

Elabora

- ¿Qué es un mosaico?
- ¿Qué polígonos regulares pueden formar un mosaico?
- ¿Qué combinaciones de polígonos regulares sirven para formar un mosaico?

http://links.edebe.com/55bf4
http://links.edebe.com/fftm

Crea tu propio mosaico y coloréalo para decorar las paredes durante una fiesta.

Presenta

Muestra tu mosaico y explica qué polígono o polígonos has usado para su elaboración.

SISTEMA DECIMAL: EL VALOR DE LAS CIFRAS

Un club ha conseguido ya los 3.333.333 socios, una cifra récord, y va a celebrarlo con una gran fiesta.

Tres millones trescientos treinta y tres mil trescientos treinta y tres tiene unidades de millón, centenas de millar, decenas de millar, unidades de millar, centenas, decenas y unidades.

En el sistema decimal el valor de una cifra depende de la posición que ocupa:

UMM	CM	DM	UM	C	D	U
3	3	3	3	3	3	3

1 UMM = 1.000.000 U | 1 CM = 100.000 U | 1 DM = 10.000 U | 1 UM = 1.000 U | 1 C = 100 U | 1 D = 10 U | 1 U = 1 U

3 × 1.000.000 + 3 × 100.000 + 3 × 10.000 + 3 × 1.000 + 3 × 100 + 3 × 10 + 3 × 1

Valor de cifra (3) — Valor de posición (1.000.000)

3 × 10.000: Aquí, 3 vale 30.000.

3 × 10: Aquí, 3 vale 30.

Cualquier número se puede descomponer como la suma de los productos del valor de cada una de sus cifras por el valor de la posición que ocupa.

1. Expresa cada número como la suma de productos del valor de sus cifras:

a. 1.345.678 **c.** 3.482.476 **e.** 2.355.978 **g.** 4.609.573 **i.** 9.439.482

b. 2.273.780 **d.** 6.534.495 **f.** 7.356.201 **h.** 8.486.534 **j.** 1.838.555

– Relaciona los números en los que la cifra 3 tenga el mismo valor.

2. Escribe con cifras y con letras los números que corresponden a estas descomposiciones:

a. 6 UMM + 3 CM + 1 DM + 9 UM + 2 C + 1 D + 7 U

b. 5 UMM + 1 CM + 4 DM + 2 UM + 7 C + 4 D + 1 U

c. 2 × 1.000.000 + 4 × 100.000 + 1 × 10.000 + 5 × 1.000 + 6 × 100 + 2 × 10 + 9 × 1

d. 7 × 1.000.000 + 2 × 100.000 + 5 × 10.000 + 3 × 1.000 + 2 × 100 + 8 × 10 + 7 × 1

OPERACIONES COMBINADAS

Para adornar la entrada de la fiesta colgamos 12 globos de colores que teníamos, y compramos 4 bolsas más, de 7 globos cada una. Se nos reventaron 3 globos.

¿Cuántos globos usamos para adornar la entrada de la fiesta?

Globos que teníamos	Globos en cada bolsa	Bolsas	Globos reventados
12	7	4	3

$$12 + 7 \times 4 - 3$$

1.º Se resuelven las multiplicaciones.

$$12 + 7 \times 4 - 3$$
$$12 + 28 - 3$$

2.º Se resuelven las sumas y las restas.

$$40 - 3$$
$$37$$

Usamos 37 globos.

3. Resuelve estas operaciones combinadas:

a. 3 + 5 × 2 – 6
b. 6 × 2 – 2 + 1
c. 3 × 7 – 2 + 6
d. 7 + 5 × 5 – 7
e. 9 + 9 – 5 × 2
f. 4 + 6 + 6 × 8
g. 4 + 8 × 5 – 9
h. 1 + 3 × 3 + 1

4. En un armario tengo 3 disfraces y 2 amigos traen 12 disfraces cada uno. Si estamos usando 4 disfraces, ¿cuántos disfraces podemos ponernos todavía?

5. En la mesa había 12 botellas de limonada y hemos añadido otras 3 cajas de 6 naranjadas. Si los primeros invitados se han bebido 8 refrescos, ¿cuántas botellas quedan en la mesa?

OPERACIONES CON PARÉNTESIS

Para adornar el jardín, compramos 4 bolsas de globos. En cada bolsa había 12 globos de colores y 7 dorados. Solo se nos reventaron 3.

¿Cuántos globos usamos para adornar el jardín?

Globos de colores	Globos dorados	Bolsas	Globos reventados
12	7	4	3

$$(12 + 7) \times 4 - 3$$

1.º Se resuelven las operaciones del paréntesis.

2.º Se resuelven las multiplicaciones.

3.º Se resuelven las sumas y las restas.

$$(12 + 7) \times 4 - 3$$

$$19 \times 4 - 3$$

$$76 - 3$$

$$73$$

Usamos 73 globos.

6. Resuelve estas operaciones con paréntesis y compara los resultados con los de la actividad 3.

a. $(3 + 5) \times 2 - 6$ **c.** $3 \times (7 - 2) + 6$ **e.** $9 + (9 - 5) \times 2$ **g.** $(4 + 8) \times 5 - 9$

b. $6 \times (2 - 2) + 1$ **d.** $(7 + 5) \times 5 - 7$ **f.** $4 + (6 + 6) \times 8$ **h.** $1 + 3 \times (3 + 1)$

7. Tengo 2 armarios con 3 disfraces de payaso y 12 disfraces de pirata en cada uno. Los colocamos todos en una caja y cogemos 4 para disfrazarnos. ¿Cuántos disfraces quedan en la caja?

8. En la mesa tenemos 3 cajas de 12 botellas de limonada y 6 de naranjada. Si los primeros invitados se han bebido 8 refrescos, ¿cuántas botellas quedan en la mesa?

PROPIEDAD DISTRIBUTIVA

En la tienda, no sabíamos si comprar 4 bolsas de globos mezclados, 12 de colores y 7 dorados, o bien 4 bolsas de 12 globos de colores y 4 bolsas de 7 globos dorados.

El comerciante nos ha dicho que no importaba lo que escogiéramos porque nos llevaríamos el mismo número de globos. ¡Compruébalo!

Globos de colores | Globos dorados | Bolsas — Globos de colores | Bolsas | Globos dorados | Bolsas

$$(12 + 7) \times 4 = 12 \times 4 + 7 \times 4$$

$$19 \times 4 = 48 + 28$$

$$76 = 76$$

Efectivamente, de las dos formas obtenemos los mismos globos, 76.

Propiedad distributiva: La multiplicación de un número por una suma (o una resta) es igual a la suma (o la resta) de las multiplicaciones de este número por cada uno de los sumandos.

$$(12 + 7) \times 4 = 12 \times 4 + 7 \times 4$$

9. Resuelve estas operaciones de dos formas distintas:

a. (8 + 15) × 4
b. 12 × (9 – 2)
c. 9 × (27 – 7)
d. 3 × (7 – 2)
e. (16 – 9) × 32
f. (16 – 7) × 15
g. 8 × (5 + 7)
h. 4 × (6 + 6)
i. 6 × (10 – 5)
j. (4 + 8) × 5
k. 15 × (3 + 4)
l. 3 × (8 + 4)

10. En un bote colocamos 2 cajas de 3 rotuladores negros y 2 cajas de 12 rotuladores de colores. ¿Cuántos rotuladores hay en el bote? Soluciona el problema de dos formas distintas.

11. En una mesa tenemos 3 bandejas. En cada una hay 12 pastelillos de nata y 6 pastelillos de crema. ¿Cuántos pastelillos tenemos en la mesa? Soluciona el problema de dos formas distintas.

MULTIPLICAR POR CIFRAS SEGUIDAS DE CERO

A la fiesta están invitados 160 niños y niñas que celebran su cumpleaños, y queremos obsequiar a cada uno con una bolsa de 20 dulces variados. ¿Cuántos dulces necesitaremos?

Para resolverlo, planteamos una multiplicación:

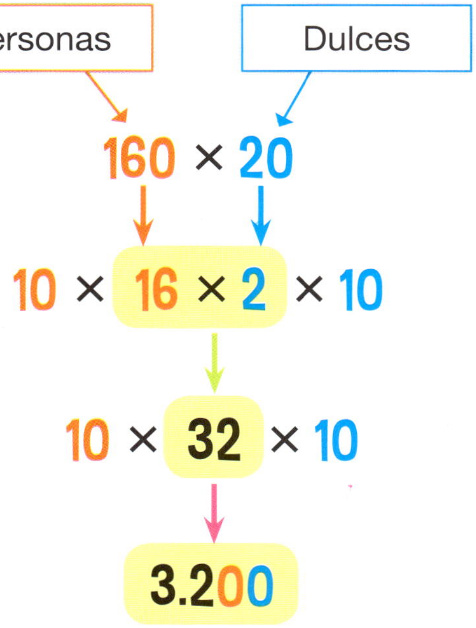

1.º Se multiplican las cifras sin ceros.

2.º Se añaden los ceros.

Necesitamos 3.200 dulces.

12. Resuelve estas operaciones:

a. 80 × 40	**d.** 60 × 70	**g.** 560 × 9	**j.** 678 × 50
b. 120 × 30	**e.** 910 × 20	**h.** 240 × 8	**k.** 381 × 40
c. 50 × 50	**f.** 160 × 60	**i.** 580 × 7	**l.** 793 × 20

13. Se han dispuesto 60 mesas y en cada una pueden atender al mismo tiempo a 15 invitados. ¿Cuántos invitados pueden atender entre todas las mesas?

14. Se han creado 12 espectáculos breves a los que pueden asistir 60 personas en cada sesión. ¿Cuántos invitados habrá entre todos los espectáculos en cada sesión?

15. En una tómbola se han vendido 1.860 boletos de 3 € cada uno. ¿Cuánto dinero se ha recogido?

16. Reflexiona y enumera las propiedades y los conocimientos matemáticos que aplicas al multiplicar por una cifra seguida de ceros.

MULTIPLICACIONES POR NÚMEROS DE DOS CIFRAS

Se han preparado 23 fuentes con 124 galletas en cada una. ¿Cuántas galletas hay?

Para averiguarlo, tenemos que multiplicar:

1.º Se multiplica el multiplicando por la unidad del multiplicador. 124 × 3 = 372

2.º Se multiplica el multiplicando por la decena del multiplicador. 124 × 20 = 2.480

3.º Se suman los dos resultados.

```
    124   ← Galletas
  ×  23   ← Fuentes
  -----
    372
+  2480
  -----
   2852
```

Para multiplicar por dos cifras, se descompone el multiplicador y se aplica la propiedad distributiva:

Hay 2.852 galletas.

$$124 \times 23 = 124 \times (3 + 20) = 124 \times 3 + 124 \times 20 = 2.852$$

17. Resuelve estas multiplicaciones:

a. 123.456 × 59 **d.** 78.564 × 96 **g.** 109.765 × 76 **j.** 67.812 × 97

b. 164.532 × 48 **e.** 90.280 × 87 **h.** 210.983 × 45 **k.** 85.389 × 68

c. 621.359 × 13 **f.** 69.317 × 94 **i.** 113.548 × 83 **l.** 79.390 × 89

18. Se han disputado distintas competiciones deportivas. Calcula cuántos metros han recorrido entre todos los participantes de cada prueba:

a. 555 metros recorridos por 73 participantes.

b. 1.500 metros recorridos por 58 participantes.

19. Si cada una de las galletas que hemos preparado pesa 15 gramos, ¿cuánto pesan las 124 galletas de cada fuente? Si añadimos los 234 gramos del peso de la fuente vacía, ¿cuánto pesa la fuente con las galletas?

20. Reflexiona sobre las propiedades que aplicas al multiplicar por dos cifras y explícalo con tus palabras. ¿Cómo crees que se resuelve una multiplicación con un multiplicador de más de dos cifras?

MULTIPLICACIÓN POR NÚMEROS DE TRES CIFRAS

Durante la fiesta, se han entregado 137 premios de 125 € a cada uno a los ganadores de un concurso. ¿Cuántos euros se han repartido en premios?

Para averiguarlo, tenemos que multiplicar:

1.° Se multiplica el multiplicando por la unidad del multiplicador. $137 \times 5 = 685$

2.° Se multiplica el multiplicando por la decena del multiplicador. $137 \times 20 = 2.740$

3.° Se multiplica el multiplicando por la centena del multiplicador. $137 \times 100 = 13.700$

4.° Se suman los tres resultados.

	137	← Premios
×	125	← Euros
	685	
	2740	
+	13700	
	17125	

Se han repartido 17.125 euros.

21. Aplica la técnica cooperativa **Folio giratorio** para resolver estas multiplicaciones:

a. 10.783 × 854 **d.** 32.498 × 176 **g.** 10.325 × 824 **j.** 32.876 × 239

b. 16.523 × 548 **e.** 14.539 × 671 **h.** 40.182 × 248 **k.** 25.098 × 392

c. 20.359 × 485 **f.** 12.986 × 716 **i.** 21.673 × 428 **l.** 30.395 × 329

22. Un total de 248 colegios miembros del club participó con 149 alumnos de tercero y cuarto de Primaria en el concurso organizado para la fiesta. ¿Cuántos participantes tuvo el concurso?

23. En el club reciben unos 1.980 correos electrónicos cada día. ¿Cuántos correos reciben en un año?

24. Recuerda tu respuesta de la actividad 20 y confírmala o rectifícala según lo que has trabajado en este apartado.

CERO EN EL MULTIPLICADOR

Para celebrar la fiesta, 124 colaboradores de diversas entidades aportaron 203 € cada uno. ¿Cuánto dinero aportaron los colaboradores?

1.º Se multiplica el multiplicando por la unidad del multiplicador. 124 × 3 = 372

Como las decenas del multiplicador son 0, todos los resultados son 0. Este paso se puede eliminar.

2.º Se multiplica el multiplicando por la centena del multiplicador. 124 × 200 = 24.800

3.º Se suman los dos resultados.

```
      1 2 4  ← Colaboradores
  ×   2 0 3  ← Euros
  ---------
      3 7 2
    0 0 0 0
+ 2 4 8 0 0
  ---------
  2 5 1 7 2
```

Los colaboradores aportaron 25.172 euros.

25. Resuelve estas multiplicaciones:

a. 18.948 × 604
b. 15.748 × 508
c. 22.222 × 405
d. 80.195 × 106
e. 10.978 × 601
f. 13.680 × 706
g. 10.567 × 804
h. 41.025 × 207
i. 16.352 × 403
j. 41.604 × 209
k. 32.666 × 302
l. 94.052 × 105

26. Aplica la técnica cooperativa **Lápices al centro** para inventar un problema que se resuelva con cada una de estas multiplicaciones:

a. 14.567 × 307 **b.** 25.308 × 208 **c.** 12.973 × 609 **d.** 24.386 × 405

27. Descompón el multiplicador, aplica la propiedad distributiva y explica con tus palabras por qué, cuando una cifra del multiplicador es cero, pasamos a multiplicar por la siguiente cifra de la izquierda:

25.348 × 209

FIGURAS PLANAS: POLÍGONOS Y CÍRCULOS

Al final de la fiesta, todos los invitados han recibido un pequeño obsequio.

La caja tiene forma cilíndrica y, si desplegamos un cilindro, obtenemos figuras planas: dos círculos y un polígono.

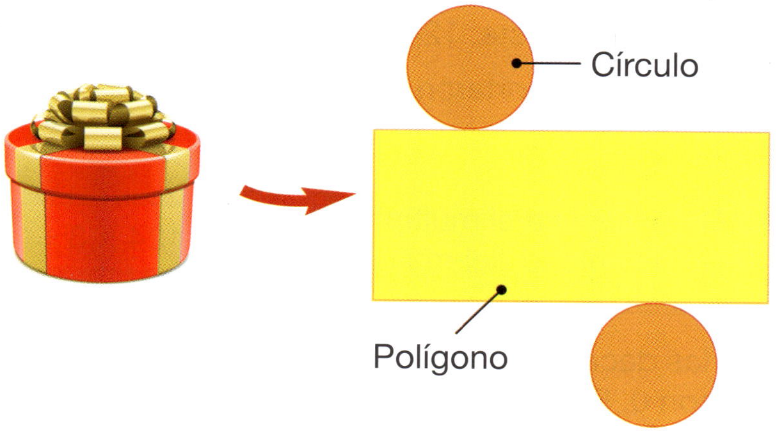

ELEMENTOS DE UN POLÍGONO

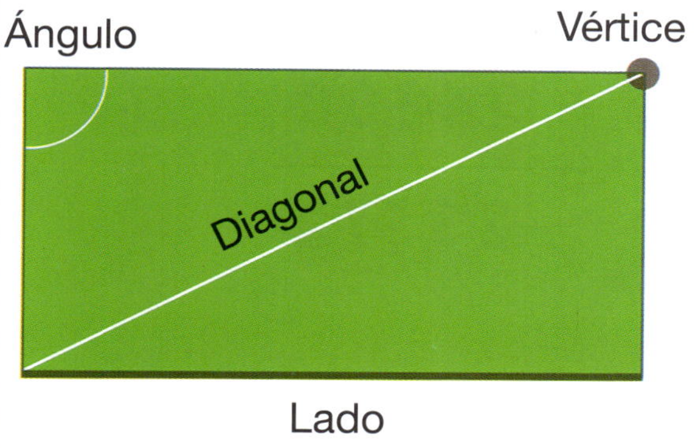

- **Lado:** cada uno de los segmentos que forman la línea que limita el polígono.
- **Vértice:** punto donde se unen dos lados consecutivos.
- **Diagonal:** segmento que une dos vértices no consecutivos.
- **Ángulo:** espacio comprendido entre dos lados consecutivos.

Un **polígono** es una figura plana que tiene todos sus lados rectos.

28. Dibuja en tu cuaderno las figuras planas que sean polígonos y marca los vértices en azul y las diagonales en amarillo.

1. 2. 3. 4. 5. 6. 7.

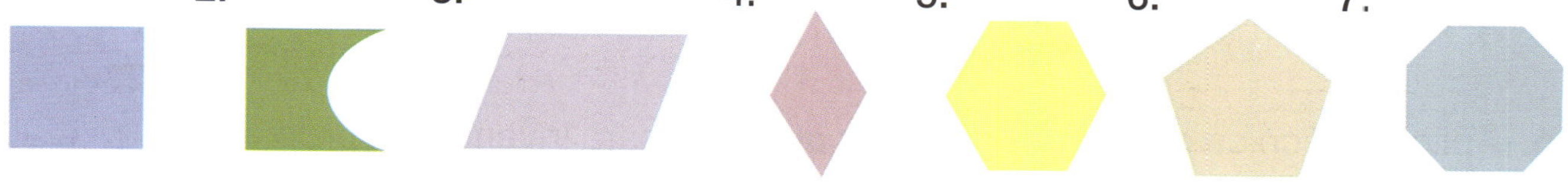

a. ¿Qué figura no es un polígono? Explica por qué.

b. Completa en tu cuaderno una tabla como la siguiente para el resto de figuras:

N.º de figura	Nombre polígono	N.º de lados o vértices	N.º de diagonales

ELEMENTOS DE UN CÍRCULO

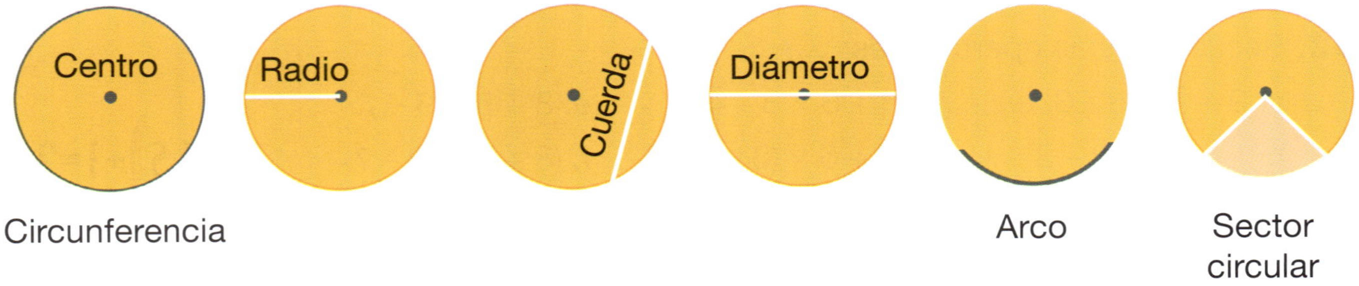

- **Circunferencia:** línea curva que limita el círculo.
- **Centro:** punto que está a la misma distancia de cualquier punto de la circunferencia.
- **Radio:** cualquier segmento que une el centro con un punto de la circunferencia.
- **Cuerda:** cualquier segmento que une dos puntos de la circunferencia.
- **Diámetro:** cualquier segmento que une dos puntos de la circunferencia pasando por el centro.
- **Arco:** parte de la circunferencia comprendida entre dos puntos.
- **Sector circular:** espacio que comprende un arco y los radios correspondientes.

Un **círculo** es una figura plana limitada por una circunferencia.

29. Con la ayuda de un compás, dibuja:

a. Un círculo de 4 cm de radio; marca el centro y un radio.

b. Un círculo de 5 cm de radio y el mismo centro que el anterior; marca un diámetro.

c. Un círculo de 3 cm de radio; marca un sector círcular que forme un ángulo recto.

d. Dos círculos de 4 cm de radio que se corten por dos puntos. Marca la cuerda común a los dos círculos y señala, de colores distintos, los arcos que se han formado.

30. Acompañamos algunos refrescos con rodajas de lima o limón.

Copia esta imagen en tu cuaderno y señala:

a. Un sector circular y un arco.

b. El centro, un radio y un diámetro.

PRACTICA

31. Expresa estos números como la suma de productos del valor de sus cifras:

a. 2.897.495 **c.** 9.364.337 **e.** 1.029.094 **g.** 6.574.872 **i.** 2.012.012

b. 4.787.681 **d.** 2.324.565 **f.** 8.490.231 **h.** 7.500.498 **j.** 3.094.778

32. Resuelve estas operaciones:

a. 9 + 4 × 8 – 3 **c.** 5 + 6 × 8 – 4 **e.** 8 + 5 × 9 – 7

b. (9 + 4) × 8 – 3 **d.** 5 + 6 × (8 – 4) **f.** (8 + 5) × 9 – 7

33. Resuelve estas operaciones de dos formas distintas:

a. (12 – 9) × 7 **c.** (6 + 17) × 6 **e.** (34 – 16) × 9

b. 8 × (15 – 4) **d.** 4 × (9 + 9) **f.** 3 × (54 – 46)

34. Resuelve estas multiplicaciones:

a. 12.910 × 751 **c.** 15.398 × 562 **e.** 25.156 × 348

b. 23.424 × 209 **d.** 12.521 × 527 **f.** 16.051 × 342

35. Presta atención a los enunciados de estos problemas y soluciónalos:

a. Ya había 30 invitados en la fiesta cuando llegaron 2 autocares con 56 personas en cada uno. Al cabo de una hora, 15 invitados se marcharon. ¿Cuántos invitados se quedaron en la fiesta?

b. Ya había 30 invitados en la fiesta cuando llegaron 2 autocares de 56 plazas cada uno llenos de invitados, pero había 15 plazas libres en cada autocar. ¿Cuántos invitados había en la fiesta?

– Explica las semejanzas y las diferencias entre los problemas anteriores.

36. En la tómbola se han repartido 1.100 premios de 5 €. ¿Cuánto dinero se ha repartido?

37. En una batalla de serpentinas hemos lanzado 345 cintas rojas de 20 metros de largo cada una y 404 cintas azules, también de 20 metros de largo. ¿Cuántos metros de serpentinas hemos lanzado? Soluciona el problema de dos formas distintas.

Agudiza el ingenio

Descubre el número de cinco cifras que se esconde tras estas pistas:

- Es múltiplo de 5 y la suma de sus cifras es 30.
- Sus cifras son números correlativos, pero están desordenados.
- La cifra menor ocupa las centenas y la mayor, las decenas.
- Un número primo ocupa las decenas de millar.

? ? . ? ? ?

CÁLCULO MENTAL

Multiplicar por 4 es lo mismo que multiplicar por 2 y otra vez por 2:

$135 \times 4 = 135 \times 2 \times 2 = 270 \times 2 = 540$

Multiplicar por 9 es lo mismo que multiplicar por 10 y restar el número que multiplicamos:

$85 \times 9 = 85 \times 10 - 85 = 850 - 85 = 765$

Multiplicar por 5 es lo mismo que multiplicar por 10 y dividir entre 2:

$67 \times 5 = 67 \times 10 : 2 = 670 : 2 = 335$

38. Calcula mentalmente:

a. 408×4
b. 192×4
c. 109×9
d. 361×9
e. 252×5
f. 312×5
g. 230×4
h. 175×4
i. 657×9
j. 321×9
k. 189×5
l. 535×5
m. 247×9
n. 141×5

MUEVE EL PENSAMIENTO

Rutina

Veo - Pienso - Me pregunto

Esta rutina estimula tu creatividad y tu curiosidad, y sirve para explorar la realidad con detalle e interpretarla con originalidad.

Fases

1. Observa atentamente la imagen.

2. Tapa la imagen.

3. Sin mirar, escribe en tu cuaderno:

- Una descripción de la imagen.
- Un pensamiento que te haya suscitado la imagen.
- Una pregunta que te haya surgido mientras observabas la imagen.

4. ¿Qué nuevas ideas tienes acerca del tema que antes no tenías?

PON EN PRÁCTICA

Una empresa de *catering* tiene encargado el servicio para tres fiestas de cumpleaños en un mismo día.

Uno de sus equipos de cocineros es el responsable de preparar estos platos:

Fiesta 1: 36 invitados
- 144 Bocaditos de jamón
- 106 Canapés de salmón
- 4 Tortillas de patata con cebolla
- 3 Pizzas de atún
- 2 Pizzas de queso

Fiesta 2: 45 invitados
- 180 Croquetas de pollo
- 135 Canapés de salmón
- 5 Tortillas de patata sin cebolla
- 3 Pizzas de atún
- 3 Pizzas de champiñones

Fiesta 3: 128 invitados
- 12 Empanadas de atún
- 384 Canapés de salmón
- 9 Tortillas de patata con cebolla
- 15 Pizzas de champiñones
- 9 Pizzas de queso

Estos son los ingredientes que se necesitan para preparar los platos más elaborados:

Ingredientes para una pizza

Masa	350 g de harina de trigo; 5 g de sal; 12 g de levadura; 225 mL de agua
De atún	175 g de atún; 25 g de tomate; 48 g de mozzarella
De champiñones	65 g de champiñones; 25 g de tomate; 40 g de mozzarella; aceitunas
De queso	75 g de queso emmental; 75 g de queso cheddar; 25 g de queso azul

Ingredientes para una empanada

Masa	500 g de harina de trigo; 5 g de sal; 16 g de levadura; 175 mL de agua
De atún	500 g de atún; 90 g de pimiento rojo; 90 g de pimiento verde; 100 g de cebolla; 2 dientes de ajo; 2 huevos cocidos; 5 g de sal; 5 g de azúcar

Ingredientes para una tortilla

Sin cebolla	460 g de patatas; 4 huevos; 5 g de sal; 10 mL de aceite
Con cebolla	400 g de patatas; 100 g de cebolla; 4 huevos; 5 g de sal; 10 mL de aceite

Competencias

PON EN PRÁCTICA

1. Calcula la cantidad que se necesita de cada ingrediente para preparar:

a. Las pizzas **b.** Las empanadas **c.** Las tortillas

2. Si se tardan 6 min en preparar un bocadito de jamón y 6 min en preparar una croqueta de pollo, ¿cuánto tiempo se necesita para preparar los bocaditos y las croquetas?

3. En la despensa no disponen de salmón ahumado ni de atún, y tendrán que pedirlos.

a. Calcula la cantidad necesaria de salmón para elaborar los canapés si cada uno lleva 16 g de salmón.

b. Calcula la cantidad de atún que se necesita para todos los platos que lo contienen.

c. ¿Cuánto costará el salmón si su precio es de 18 € el kilo?

4. Calcula cuántos huevos necesitarán para preparar todos los platos. Si en la despensa tienen 9 docenas de huevos, ¿cuántos les sobrarán o les faltarán?

5. La pizza se cortará en raciones de este modo:

a. ¿Con qué figura plana relacionas la pizza?

b. Una porción de pizza, ¿qué elemento representa?

c. Dibuja esquemáticamente en tu cuaderno esta pizza cortada y señala:

– Dos diámetros – Tres radios

– El centro – Un arco

EMPRENDE

Las empresas de *catering* facilitan algunas de las múltiples tareas que supone la organización de una celebración multitudinaria.

Diseñad una empresa que, además de las funciones de *catering,* cubra todas las necesidades para organizar una fiesta. Decidid qué profesionales la integrarían, sus funciones, y cómo se promocionaría.

REFLEXIONA

Diario de aprendizaje

¿Qué dificultades has encontrado en esta unidad? ¿Cómo las has resuelto?

¿Cuáles de los contenidos trabajados utilizas más a menudo en tu vida cotidiana? ¿Qué estrategias has adquirido que te faciliten los cálculos del día a día?

¿Cómo valoras tu aportación en los trabajos en equipo?

4 Voluntarios

LOS CONTENIDOS

- El concepto de división: reparto. Términos de la división.
- Multiplicación y división: operaciones contrarias. La prueba de la división.
- División entre una y dos cifras.
- Recuentos. Frecuencia absoluta. Interpretación y elaboración de diagramas de barras y pictogramas.

Inteligencias múltiples

TAREA INTEGRADA
Marea negra

Investiga

Los accidentes de petroleros o en bases petrolíferas han causado graves mareas negras. La limpieza de costas y el salvamento de animales mueven a millares de voluntarios.

Elabora

- Busca datos sobre los vertidos de fuel en el mar más graves en las últimas décadas y represéntalos gráficamente.
- Supón que los alumnos del colegio os presentáis como voluntarios para limpiar playas cubiertas de chapapote. ¿Cómo os desplazaríais? ¿Qué actividades llevaríais a cabo? ¿Qué grupos formaríais?...

http://links.edebe.com/va5ph

Presenta

Expón tu proyecto al resto de la clase.

LA DIVISIÓN

Veinticuatro alumnos y alumnas de mi clase colaboramos con varias ONG.

La semana pasada, formamos 6 equipos para recoger la basura de 6 parajes naturales.

¿Cuántos miembros había en cada grupo?

Para responder, tenemos que efectuar una división.

La cantidad de elementos que queremos repartir.

La cantidad que sobra.

DIVIDENDO	24	6	DIVISOR
	−24	4	COCIENTE
RESTO	0		

$4 \times 6 = 24$

En cada grupo había 4 miembros.

La cantidad de grupos en que hay que repartir el dividendo.

La cantidad de elementos que forman cada grupo.

Dividir es repartir en partes iguales. El **cociente** es el número que, multiplicado por el **divisor,** más se aproxima al **dividendo,** sin superarlo.

1. Usa la tabla pitagórica para escribir diez divisiones exactas.

$6 \times 7 = 42 \rightarrow 42 : 6 = 7 \;/\; 42 : 7 = 6$

Recuerda

Una división es **exacta** si su resto es igual a cero y **entera** si no lo es.

2. Sigue el ejemplo para resolver estas divisiones con ayuda de la tabla pitagórica.

$31 : 5 = 6$ resto $1 \;/\; 31 = 5 \times 6 + 1$

a. 67 : 8

b. 53 : 9

c. 15 : 4

d. 42 : 8

e. 10 : 3

f. 25 : 4

g. 37 : 5

h. 48 : 7

– Clasifica estas divisiones en exactas y enteras.

×	Número de grupos									
Elementos por grupo	1	2	3	4	5	6	7	8	9	10
1	1	2	3	4	5	6	7	8	9	10
2	2	4	6	8	10	12	14	16	18	20
3	3	6	9	12	15	18	21	24	27	30
4	4	8	12	16	20	24	28	32	36	40
5	5	10	15	20	25	30	35	40	45	50
6	6	12	18	24	30	36	42	48	54	60
7	7	14	21	28	35	42	49	56	63	70
8	8	16	24	32	40	48	56	64	72	80
9	9	18	27	36	45	54	63	72	81	90
10	10	20	30	40	50	60	70	80	90	100

Mañana, tenemos que formar grupos de 6 personas para ayudar a replantar árboles y combatir la erosión del suelo.

¿Cuántos grupos podemos formar?

Para responder, también tenemos que efectuar una división.

La cantidad de elementos que queremos repartir.

La cantidad que sobra.

Podemos formar 4 grupos.

La cantidad de elementos que forman cada grupo.

La cantidad de grupos en que hay que repartir el dividendo.

En el divisor situamos la condición que tienen que cumplir los grupos que queremos formar: la cantidad de grupos o el número de elementos de cada grupo.

3. Escribe todas las divisiones correctas que puedas con cada grupo de números.

a. 52, 8, 6, 4 **b.** 45, 9, 0, 5 **c.** 3, 2, 26, 8 **d.** 33, 6, 3, 5 **e.** 65,8, 1, 8

– ¿Cuántas has podido escribir en cada caso? ¿Qué estrategia has seguido?

– ¿Cómo sabes que las divisiones que has escrito son correctas?

4. Queremos repartir 33 golosinas entre 4 amigos. ¿Cuántas le corresponden a cada uno? ¿Cuántas sobran?

— Inventa un problema en que los significados del divisor y del cociente de esta operación estén invertidos.

5. Escribe las dos posibles divisiones que corresponden a cada prueba de la división.

a. $26 = 3 \times 8 + 2$ **d.** $56 = 6 \times 9 + 2$

b. $23 = 4 \times 5 + 3$ **e.** $44 = 7 \times 6 + 2$

c. $76 = 9 \times 8 + 4$ **f.** $39 = 5 \times 7 + 4$

Prueba de la división

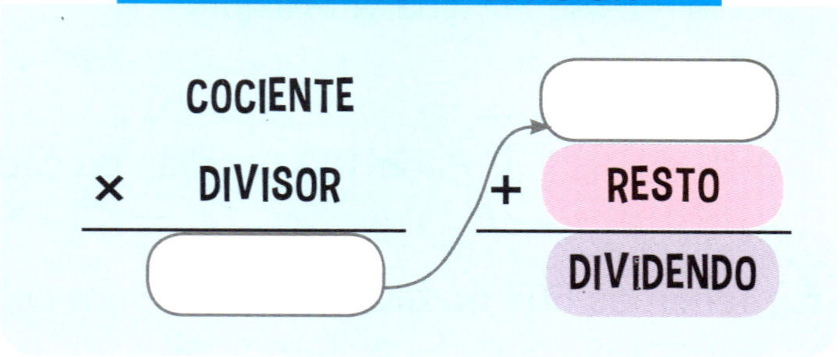

DIVISOR DE UNA CIFRA

Uno de los equipos de limpieza recogió 618 botellas de plástico y las repartió en 6 cajas iguales para llevarlas a reciclar.

¿Cuántas botellas puso en cada caja? ¿Sobró alguna botella?

Como la tabla del 6 no llega hasta 618, dividimos por pasos:

1.º Se toma la primera cifra del dividendo.

```
618 | 6
    +------
```

2.º Se divide entre el divisor.

```
 618 | 6
     +------
-6     1
 --
 0             6 × 1 = 6
```

3.º Se baja la siguiente cifra del dividendo.

```
 618 | 6
     +------
-6↓    1
 --
 01
```

2.º

```
 618 | 6
     +------
-6     10
 --
 01
- 0            6 × 0 = 0
 --
  1
```

3.º

```
 618 | 6
     +------
-6     10
 --
 01
- 0↓
 ---
 018
```

2.º

```
 618 | 6
     +------
-6     103
 --
 01
- 0            6 × 3 = 18
 ---
 018
 -18
 ---
   0
```

Cuando no quedan más cifras en el dividendo, se termina la división.

Puso 103 botellas en cada caja y no sobró ninguna.

6. Tenemos 504 botellas de leche para colocar en cajas. Si en cada caja caben 6 botellas, ¿cuántas cajas necesitaremos?

– ¿Qué estrategia has utilizado para resolverlo? ¿Hay algún cero en el cociente? ¿En qué posición? ¿Cuál es su valor?

7. Resuelve estas divisiones y comprueba los resultados mediante la prueba de la división:

a. 845 : 3 **c.** 5.268 : 9 **e.** 6.876 : 8

b. 663 : 7 **d.** 2.555 : 4 **f.** 8.004 : 5

8. Antes de comenzar a recoger botellas, todos los voluntarios compraron bocadillos en una panadería donde se preparan 1.855 panes cada semana. ¿Cuántos panes se preparan cada día?

9. En el punto de reciclaje coincidimos 5 equipos de limpieza. Entre todos, llevamos 3.000 botellas, con las que los operarios formaron 8 bloques. ¿Cuántas botellas formaban cada bloque?

10. Efectúa estas divisiones y comprueba que todos los resultados son correctos:

a. 63.455 : 3 **d.** 407.232 : 7 **g.** 2.443.966 : 8

b. 23.456 : 5 **e.** 756.397 : 6 **h.** 6.394.586 : 2

c. 356.268 : 9 **f.** 601.706 : 4 **i.** 4.698.726 : 8

11. Resolved estos problemas mediante la técnica de trabajo cooperativo **Lápices al centro.** Probablemente tengáis que trabajar por ensayo y error.

Recuerda

La multiplicación y la división son operaciones contrarias.

a. Se espera que un tren lleve a 515 pasajeros. ¿A qué precio se tiene que vender cada billete para ingresar en total 7.725 €?

b. En una excursión al bosque hemos encontrado 2.440 g de setas. Si a cada uno nos han correspondido 610 g, ¿cuántos amigos hemos ido?

c. Durante 25 días seguidos he salido a pescar y cada día he capturado la misma cantidad de peces. En total, he pescado 125 peces. ¿Cuántos he pescado al día?

d. Seremos 92 personas en la cena de fin de curso. Si en cada mesa caben 12 personas, ¿cuántas mesas necesitaremos?

– ¿Qué dificultad comparten todos estos problemas?

DIVIDIR ENTRE NÚMEROS DE MÁS DE UNA CIFRA

La organización de la plantada quiere plantar 545 árboles durante la mañana. Se han apuntado 67 personas. ¿Cuántos árboles tendrá que plantar cada persona?

Para responder, debemos calcular una división con 67 en el divisor.

545 : 67

Aproximación

1.º Se busca un valor aproximado para el cociente, con una de estas estrategias:

APROXIMAR EL DIVISOR

545 : 67

545 : 70 = 7

70 × 7 = 490

Cociente = 7

APROXIMAR EL DIVIDENDO Y EL DIVISOR

545 : 67

500 : 70 = 7

70 × 7 = 490

Cociente = 7

FIJARSE EN LAS PRIMERAS CIFRAS

545 : 67

54 : 6 = 9

6 × 9 = 54

Cociente = 9

Ensayo-Error

2.º Se comprueba si el cociente obtenido es correcto:

Árboles que se plantarían. →	Cociente = 7	Cociente = 9	Cociente = 8
	67 × 7 = 469	67 × 9 = 603	67 × 8 = 536
	545 – 469 = 76 76 > 67 Todos podrían plantar 1 árbol más. ✗	603 > 545 No hay tantos árboles para plantar. ✗	545 – 536 = 9 9 < 67 Es el valor correcto. ✓

3.º Se corrige el cociente, si es necesario.

Se suma 1 al cociente.

7 + 1 = 8

Se resta 1 al cociente.

9 - 1 = 8

Cociente = 8

```
 545 | 67
-536   8
 009
```

Cada persona tendrá que plantar 8 árboles.
Entre todos tendrán que plantar 9 árboles más.

12. Aplicad la técnica de trabajo cooperativo **Rompecabezas** para resolver estas divisiones:

1. Elegid una estrategia cada uno y especializaos. Practicad con estas divisiones:

a. 151 : 23 **b.** 375 : 45 **c.** 223 : 56 **d.** 679 : 81 **e.** 467 : 96

2. Resolved conjuntamente estas operaciones utilizando todas las estrategias:

a. 342 : 71 **c.** 574 : 85 **e.** 822 : 97 **g.** 155 : 44 **i.** 833 : 91

b. 135 : 17 **d.** 465 : 52 **f.** 342 : 46 **h.** 597 : 67 **j.** 466 : 99

13. Para acceder a una biblioteca hay que subir varios pisos. Si en cada tramo de escalera hay 18 escalones y en total hemos subido 126, ¿en qué piso está la biblioteca?

14. Resuelve estas divisiones utilizando la estrategia de aproximación que prefieras:

a. 203 : 21 **b.** 458 : 72 **c.** 268 : 89 **d.** 557 : 61 **e.** 596 : 88

– Indica en cada caso por qué has preferido una estrategia a las otras.

15. La repoblación de árboles ha sido un éxito mucho mayor de lo previsto: ¡se han presentado 375 voluntarios! Para tenerlo todo bajo control, la organización nos ha pedido que formáramos 60 grupos de trabajo, lo más parecidos posible. ¿Cómo hemos formado los grupos?

16. ¿Qué cociente obtienes si el divisor es mayor que el dividendo? ¿Qué resto?

– Resuelve la división 16 : 32 para responder.

DIVISOR DE DOS CIFRAS

También hemos colaborado en recogidas de comida para el banco de alimentos.

La última vez, fuimos a 22 supermercados y conseguimos un total de 2.310 kg de alimentos no perecederos.

Si cada supermercado nos dio la misma cantidad de alimentos, ¿cuántos kilos nos dio cada supermercado?

1.º Se separan tantas cifras del dividendo como cifras tiene el divisor.

```
2310 | 22
```

2.º Se divide entre el divisor.

```
 2310 | 22
-22     1
   1
```

$22 \times 1 = 22$

3.º Se baja la siguiente cifra del dividendo.

```
 2310 | 22
-22↓    1
  11
```

```
 2310 | 22
-22     10
  11
 - 0
  11
```

$22 \times 0 = 0$

```
 2310 | 22
-22     10
  11
 - 0
  110
```

```
 2310 | 22
-22     105
  11
 - 0
  110
 -110
  000
```

$22 \times 5 = 110$

Cuando no quedan más cifras en el dividendo, se termina la división.

Conseguimos 105 kg de alimentos en cada supermercado.

17. Resuelve las siguientes divisiones:

a. 3.263 : 21 **c.** 86.545 : 32 **e.** 922.268 : 91 **g.** 5.786.555 : 46

b. 8.683 : 71 **d.** 569.257 : 55 **f.** 832.235 : 63 **h.** 9.693.117 : 87

18. Todos los alimentos recogidos se repartieron después entre los destinatarios del banco de alimentos: 12 kilos para cada uno. ¿A cuántas personas conseguimos ayudar con nuestro trabajo voluntario?

19. En una plantación hay 1.600 manzanos repartidos en 32 hileras iguales. ¿Cuántos hay en cada hilera?

– ¿Qué dificultad has encontrado al comienzo de la operación? ¿Cómo la has resuelto?

20. Completa en tu cuaderno las siguientes operaciones:

a. 446.123 = 12 × .... + ... **c.** 675.415 = ... × 85 + ... **e.** 2.786.555 = 37 × .... + ...

b. 5.900.143 = ... × 42 + ... **d.** 8.982.587 = 51 × .... + ... **f.** 1.121.122 = ... × 24 + ...

21. En el museo de historia natural tienen una colección de minerales formada por 1.235 muestras, distribuidas en vitrinas con capacidad para 15 de ellas. ¿Cuál es el número mínimo de vitrinas necesarias? ¿Quedan espacios libres? ¿Cuántos?

Agudiza el ingenio

El resto de una división tiene tres cifras. ¿Cuál es el mínimo divisor que puede tener la división para estar completamente seguros de que ha sido bien resuelta?

22. Sigue practicando las divisiones con divisores de dos cifras en este enlace:

http://links.edebe.com/2pg8e

23. Aplicad la técnica de trabajo cooperativo **El número** para resolver estas divisiones con divisores de tres cifras:

a. 685 : 321 **c.** 5.827 : 450 **e.** 22.435 : 641 **g.** 21.735 : 345

b. 2.346 : 132 **d.** 234.685 : 201 **f.** 685.487 : 553 **h.** 3.426.185 : 778

DIAGRAMAS DE BARRAS Y PICTOGRAMAS

Se han preparado cestas de alimentos envasados en bolsas de 1 kg. En esta tabla de frecuencias se detalla el reparto de alimentos de cada cesta:

Bolsas de 1 kg de alimento	Pasta	Arroz	Azúcar	Lentejas	Judías	Garbanzos
Frecuencia absoluta	21	22	3	10	9	8

En este caso, el número de bolsas de 1 kg que hay de cada alimento.

Y lo podemos representar en un diagrama de barras; la altura de las barras representa la frecuencia absoluta de cada dato:

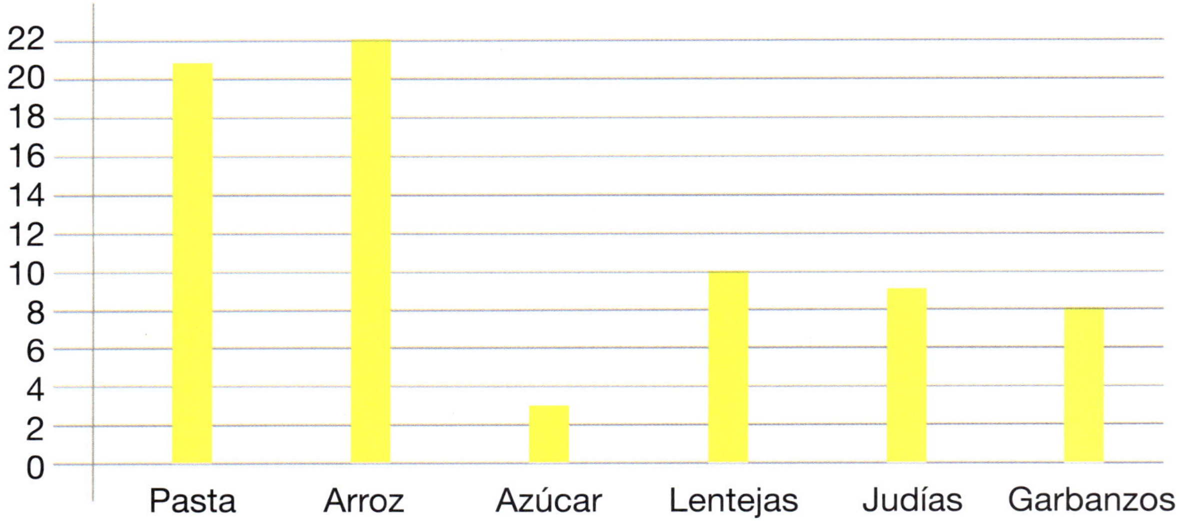

24. Esta semana hemos hecho una encuesta a todos los alumnos de cuarto sobre cuál es su deporte favorito. Representa en un diagrama de barras los resultados de la encuesta que se muestran en la siguiente tabla:

Deporte	Baloncesto	Fútbol	BTT	Balonmano	Voleibol	Otros
Personas	8	10	4	3	3	2

25. Lleva a cabo la misma encuesta en tu clase y confecciona la tabla de frecuencias y el diagrama de barras correspondientes.

En lugar de barras, podemos utilizar pictogramas que representen los datos. Por ejemplo:

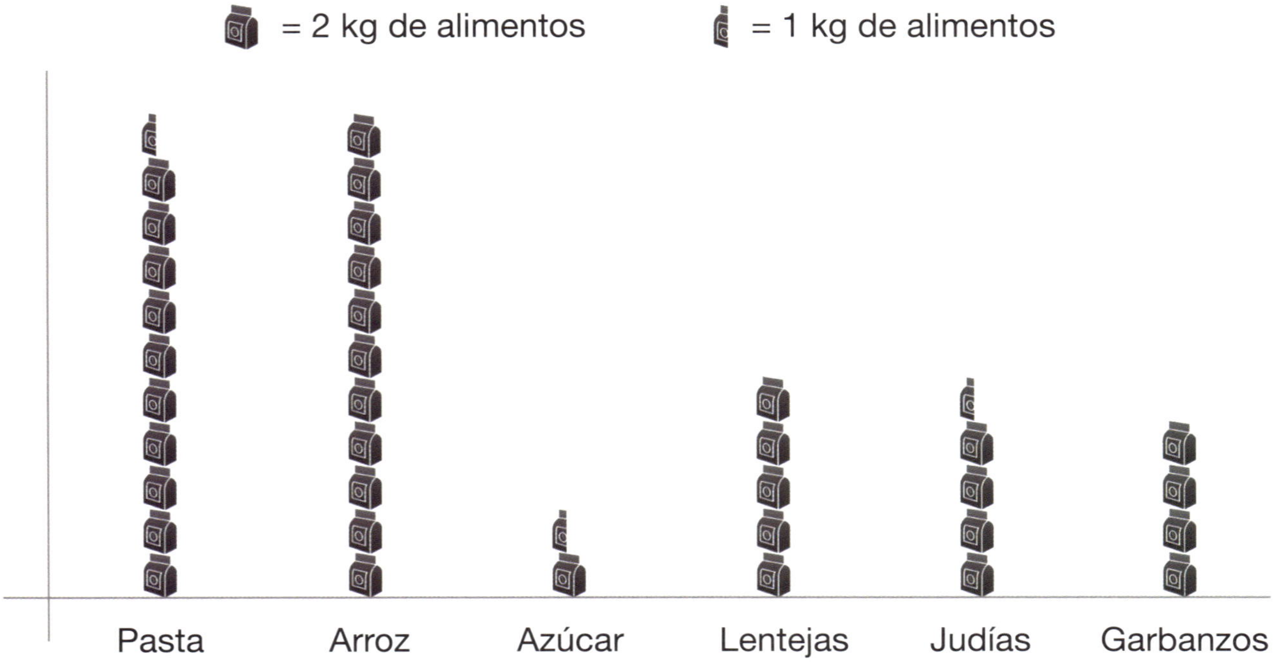

La **frecuencia absoluta** es el número de veces que aparece un valor en un recuento.

En un **diagrama de barras,** la altura de cada barra representa la frecuencia absoluta.

En un **pictograma,** la información representada por las barras se sustituye por un dibujo que representa una cantidad determinada.

26. El siguiente pictograma muestra el dinero que ha conseguido un colegio para donar a una ONG mediante distintas actividades:

a. Elabora la tabla de frecuencias absolutas correspondiente.

b. ¿Con qué han conseguido más dinero? ¿Y menos?

27. Efectúa las siguientes divisiones y comprueba los resultados:

a. 3.463 : 16 **c.** 86.545 : 32 **e.** 681.537 : 61 **g.** 1.594.376 : 27

b. 560.683 : 36 **d.** 926.157 : 45 **f.** 2.413.935 : 72 **h.** 7.693.117 : 91

28. Queremos preparar una fideuá para la cena de fin de curso. Calculamos que se necesitan 100 gramos de fideos por persona y tenemos 5 kg.

a. ¿Cuántas personas podrán comer de estos 5 kg de fideos?

b. Si los asistentes a la cena son 92, ¿qué cantidad de fideos nos falta?

29. Si 6 : 2 = 3, 66 : 2 = 33..., calcula el resultado de 66.666.666.666.666.666.666 : 2, sin efectuar la división.

Explica con tus palabras cómo has resuelto la operación.

30. El tejado de un edificio tiene 840 tejas en hileras de 10 tejas cada una. ¿Cuántas hileras hay?

31. El otoño pasado, un temporal rompió varias tejas del tejado. Si hemos gastado 66 € para repararlo y cada teja cuesta 3 €, ¿cuántas tejas rompió el temporal?

32. En la biblioteca hay 2.265 libros repartidos en 5 temas diferentes.

Temas	Geografía	Historia	Ciencias	Cómic	Novela
Libros	135	315	445	305	1.065

— Representa los datos de la tabla en un diagrama de barras y en un pictograma.

33. Los 1.257 alumnos de Primaria de una ciudad quieren organizar un torneo de fútbol. Deben dividirse en equipos de 11 jugadores y los que se queden sin equipo serán los árbitros.

a. ¿Cuántos árbitros habrá?

b. ¿Cuántos equipos competirán?

RESOLUCIÓN DE PROBLEMAS

OPERACIONES COMBINADAS CON LA CALCULADORA

Unos voluntarios han recibido 4 cajas con 35 kilos de arroz y 3 cajas con 30 kilos de pasta. Ahora, van a repartir estos alimentos en partes iguales entre 2 comedores sociales. ¿Cuántos kilos de alimentos recibirá cada centro?

1 **Busca la pregunta.** ¿Cuántos kilos de alimentos recibirá cada centro?

2 **Identifica los datos que son necesarios.**

Datos del enunciado

4 cajas con 35 kg de arroz

3 cajas con 30 kg de pasta

Se reparten entre 2 centros.

A partir de los datos, observamos que deberemos combinar varias operaciones para hallar el resultado.

Utilizaremos la calculadora.

3 **Elige la operación o estrategia adecuada.**

— Tenemos que obtener el total de kilos de arroz y el de pasta, y repartirlos. Planteamos la operación combinada:

(4 cajas **×** **35** kg arroz **+** **3** cajas **×** **30** kg pasta) **:** **2** centros

— Ahora, resolvemos siguiendo el orden de las operaciones. Utilizaremos la memoria de la calculadora. Observa las teclas que pulsamos:

4 × 3 5 M+ 3 × 3 0 M+ MR : 2 = **115**

4 **Escribe la solución.**

Cada centro recibirá 115 kg de alimentos.

5 **Comprueba el resultado.** Revisa las operaciones que has efectuado.

34. En la repoblación de un bosque, 5 voluntarios han plantado 8 árboles cada uno y otros 8 voluntarios han plantado 6 árboles cada uno. Si los árboles han sido plantados en igual cantidad entre 4 zonas, ¿cuántos árboles se han plantado en cada zona?

35. Resuelve con la calculadora estas operaciones combinadas:

a. 25 + 7 × 8

b. 15 + 32 : 4

c. 12 × 7 + 6 × 9

d. 125 : 5 + 4 × 3

e. 26 × 9 + 64 : 8

f. (33 × 4) + (12 + 55) × 17

PON EN PRÁCTICA

En un colegio tienen un huerto en el que todos los alumnos de 3.º y 4.º de Primaria participan como voluntarios.

1. El total de voluntarios en las tareas del huerto es de 96 alumnos y alumnas. Si son 4 clases las que participan, ¿cuántos alumnos hay en cada clase?

2. Los voluntarios de cada clase se reparten en 4 grupos. Cada grupo trabaja en el huerto un día a la semana: lunes, martes, jueves o viernes. ¿Cuántos miembros de cada clase trabajan en el huerto el jueves?

3. Esta temporada han cosechado un total de 432 kilos de patatas. Han utilizado un tercio en el comedor escolar y el resto se lo han repartido los voluntarios en partes iguales.

   a. ¿Cuántos kilos han utilizado en el comedor escolar?

   b. ¿Cuántos kilos ha recibido cada voluntario?

4. También han cultivado lechugas, coles, coliflores y escarolas. Este pictograma representa la cosecha de estos productos:

   a. ¿Cuántas unidades de cada producto han conseguido? Elabora la tabla de frecuencias absolutas correspondiente a este pictograma.

   b. Si han vendido estas hortalizas a 1 euro la pieza, ¿cuánto dinero han recaudado?

   c. Han utilizado un tercio de este dinero para comprar semillas y el resto lo han gastado en tierra y abono. ¿Cuánto dinero han gastado en semillas? ¿Y en tierra y abono?

PON EN PRÁCTICA

5. Además, han cultivado zanahorias, pimientos, tomates, berenjenas y alcachofas. Estos son los kilos que han recogido de cada producto:

 28 kg  16 kg  43 kg  25 kg  38 kg

– Representa los datos mediante un diagrama de barras.

6. Los profesores han calculado que los alumnos y alumnas han dedicado aproximadamente unas 6.720 horas de trabajo en el huerto, repartidas entre las 35 semanas que ha durado el curso. Calcula aproximadamente:

a. Las horas que han dedicado al huerto los voluntarios cada semana.

b. Las horas que ha dedicado cada voluntario al huerto en una semana.

c. El tiempo que han dedicado al huerto los alumnos de cada clase en una semana.

d. Las horas que ha dedicado cada voluntario al huerto durante el curso.

EMPRENDE

En vuestra clase queréis hacer una aportación económica a una ONG. ¿Con qué tipo de ONG os gustaría colaborar? ¿Por qué?

¿Qué actividades podríais llevar a cabo para conseguir el dinero que deseáis aportar?

REFLEXIONA

Diario de aprendizaje

Explica qué dificultades has encontrado en esta unidad y cómo las has resuelto.

¿En qué situaciones del día a día puedes aplicar los conocimientos que has adquirido? ¿Cuál consideras más útil? Explica por qué.

¿Cuál ha sido tu aportación al trabajo en equipo?

1. Una organización de ayuda a ancianos ha conseguido un récord de voluntarios: 1.385.483 voluntarios de entre 18 y 25 años, y 1.383.705 voluntarios entre 26 y 50 años.

a. Calcula el número total de voluntarios.

b. Indica cuál es la diferencia de voluntarios entre los dos grupos de edad.

c. Descompón el número total de voluntarios e indica el valor de cada cifra.

2. Tres colegios de una localidad han contribuido en una campaña solidaria. El colegio A ha recogido 1.738 €; el colegio B, 2.005 €, y el colegio C, 1.940 €.

a. ¿Cuánto han recogido entre los tres colegios? Calcula el resultado de tres formas distintas y di qué propiedades has aplicado.

b. Ordena las tres recaudaciones de mayor a menor y calcula la diferencia entre ellas.

3. Muchos alimentos se presentan envasados en cajas metálicas o de cartón.

a. ¿Qué tipo de cuerpos geométricos son estos envases? Dibújalos en tu cuaderno y señala sus partes.

b. Dibuja los desarrollos planos de estos cuerpos geométricos. Indica qué figuras planas son y señala sus partes.

4. En la despensa hay 4 *tetrabriks* de 1 L de leche, y 2 cajas de 6 *tetrabriks* cada una. Si durante la semana consumimos 11 L de leche, ¿cuánta leche nos quedará al finalizar la semana?

Estas son las operaciones que han planteado unos alumnos y las soluciones obtenidas:

A	B	C	D
A: 4 + 2 × 6 – 11	**B:** 4 + (2 × 6) – 11	**C:** (4 + 2) × 6 – 11	**D:** 4 + 2 × 6 – 11
6 × 6 – 11	4 + 12 – 11	6 × 6 – 11	4 + 12 – 11
25 L	5 L	25 L	5 L

a. ¿Qué alumnos han obtenido la respuesta correcta?

b. ¿Cuáles han sido los errores cometidos por los otros estudiantes?

c. Razona si, en esta ocasión, es necesario el uso de paréntesis.

5. Un colaborador ha dicho que si 1.500 voluntarios recogen 275 kg de alimento cada uno, el resultado final es el mismo que si 275 voluntarios recogen 1.500 kg de alimento cada uno.

a. ¿Es cierto su razonamiento? ¿Se basa en alguna propiedad determinada? ¿Cuál?

b. Resuelve las operaciones correspondientes y demuestra si se cumple o no.

6. Se va a organizar una rifa benéfica y la recaudación obtenida se donará a una ONG.

a. Hay un total de 15.500 boletos y los voluntarios para venderlos son 124. ¿Cuántos boletos venderá cada voluntario?

b. Cada boleto se vende a 3 €. Un euro de cada venta se destinará a cubrir los gastos de la rifa y, el resto, se donará a la ONG. ¿Cuánto dinero recibirá la ONG? ¿Y la organización?

c. La ONG dedicará una cuarta parte de lo recibido a familias de la localidad, y, el resto, lo invertirá en material para un hospital. ¿Cuánto dinero dedicará a cada acción?

7. En el colegio hay dos cursos de 4.º de Primaria: uno tiene 26 alumnos y el otro, 28. Quieren distribuirse en grupos iguales para participar en varias actividades solidarias.

a. Indica cuántos grupos diferentes pueden formar y de cuántos miembros estará formado cada uno.

b. Representa estos productos en forma de números rectangulares.

c. Anota en una lista los números primos que has obtenido en las operaciones que has efectuado.

8. Por Navidad, se llevan a cabo campañas de recogida de juguetes para niños y niñas necesitados, y para repartir en hospitales. Estos son las unidades que se han recogido esta semana:

Juguetes	Muñecas	Coches	Trenes	Juegos de mesa	Puzles
Unidades	18	25	10	28	18

– Representa los datos en un diagrama de barras.

9. El siguiente pictograma muestra los árboles que los voluntarios han plantado este año para repoblar algunos bosques del país:

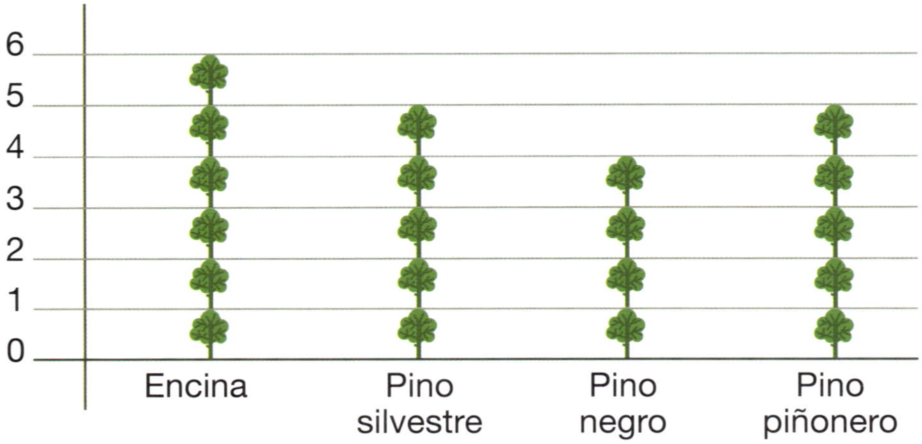

a. Elabora la tabla de frecuencias absolutas correspondiente.

b. ¿De qué árbol han plantado más unidades? ¿Y menos?

PROYECTO

Los genios

Las nuevas tecnologías

Elegimos

- ¿Qué son los objetos de las imágenes?
- ¿Quiénes los inventaron?
- ¿Los has utilizado alguna vez? ¿Cuándo? ¿Para qué?
- Explica brevemente para qué sirven y cómo se utilizan.

Planificamos

- ¿Dónde buscamos la información? Además de Internet, la biblioteca, la familia y nuestros compañeros y compañeras, ¿podemos recurrir a otras fuentes?

Desarrollamos

- ¿Quiénes son las personas de estas imágenes? Redacto una breve biografía sobre uno de ellos.

Ficha biográfica

Nombre y apellidos

Lugar y fecha de nacimiento

Lugar y fecha de fallecimiento (si hubiese sucedido)

Ocupación

¿Por qué es conocido?

http://links.edebe.com/nhmw

http://links.edebe.com/iz

- Elaboro una encuesta sobre el uso de las nuevas tecnologías en casa.
  - ¿Qué aparatos electrónicos hay en tu casa? ¿Los usas? ¿Cuándo? ¿Para qué? ¿Qué aparato no tienes y te gustaría tener? ¿Por qué?
  - Anoto los resultados en una tabla y los represento gráficamente.

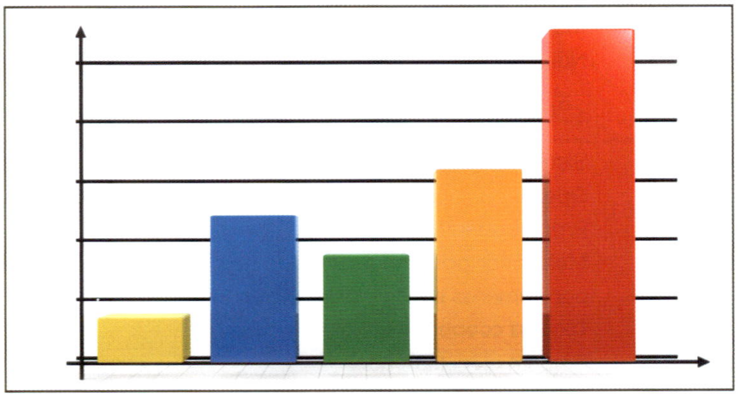

- Observo el siguiente vídeo y anoto las semejanzas y las diferencias entre la realidad que se muestra en él y nuestra vida diaria. Escribo en una lista las tareas que resultan más sencillas si se usa la tecnología.

http://links.edebe.com/2ptg

- Diseño una aplicación tecnológica que me ayude en mi vida diaria y se la explico a mis compañeros y compañeras.

Nombre de la aplicación: ....

Cómo funciona: ....

Dibujo de la aplicación

Contenidos

Primer trimestre

PROYECTO **Los genios.** Las nuevas tecnologías

Estadística y probabilidad	Cálculo y rutina / Problemas	Tarea integrada	Competencias / Inteligencias múltiples
	Sumar decenas completas y restar unidades / Restar decenas completas y sumar unidades **Rutina:** Círculo de puntos de vista	Aprende a utilizar el ábaco	Matemática. Ciencia y tecnología / Lógico-matemática y Visual-espacial Comunicación lingüística / Lingüístico-verbal Aprender a aprender / Intrapersonal Sociales y cívicas / Interpersonal
	Resolución de problemas: Seguir los pasos	Números poligonales	Matemática. Ciencia y tecnología / Lógico-matemática y Visual-espacial Comunicación lingüística / Lingüístico-verbal Aprender a aprender / Intrapersonal Sociales y cívicas / Interpersonal
	Multiplicar por 4, por 9 y por 5 **Rutina:** Veo - Pienso - Me pregunto	Mosaicos	Matemática. Ciencia y tecnología / Lógico-matemática y Visual-espacial Comunicación lingüística / Lingüístico-verbal Aprender a aprender / Intrapersonal Sociales y cívicas / Interpersonal
Frecuencia absoluta Diagramas de barras y pictogramas	Resolución de problemas: Operaciones combinadas con la calculadora	Marea negra	Matemática. Ciencia y tecnología / Lógico-matemática, Naturalista y Visual-espacial Comunicación lingüística / Lingüístico-verbal Aprender a aprender / Intrapersonal Sociales y cívicas / Interpersonal

Contenidos

Segundo trimestre

PROYECTO **La moda.** El patronaje

Estadística y probabilidad	Cálculo mental / Problemas	Tarea integrada	Competencias / Inteligencias múltiples
	Hallar el factor que falta en una multiplicación o una división **Rutina:** Pienso - Me interesa - Investigo	Colección de polígonos	Matemática. Ciencia y tecnología / Lógico-matemática, Naturalista y Visual-espacial Comunicación lingüística / Lingüístico-verbal Aprender a aprender / Intrapersonal Sociales y cívicas / Interpersonal
Datos cualitativos y cuantitativos Histogramas	Resolución de problemas: Inventar un problema similar	Estado de la mar	Matemática. Ciencia y tecnología / Lógico-matemática y Visual-espacial Comunicación lingüística / Lingüístico-verbal Aprender a aprender / Intrapersonal Sociales y cívicas / Interpersonal
	Multiplicar por 0,5, por 0,25 y por 0,1 **Rutina:** Semáforo	Palabras de diseño	Matemática. Ciencia y tecnología / Lógico-matemática y Visual-espacial Comunicación lingüística / Lingüístico-verbal Aprender a aprender / Intrapersonal Sociales y cívicas / Interpersonal
Moda y media	Resolución de problemas: Operaciones con decimales con la calculadora	*Patchwork*	Matemática. Ciencia y tecnología / Lógico-matemática y Visual-espacial Comunicación lingüística / Lingüístico-verbal Aprender a aprender / Intrapersonal Sociales y cívicas / Interpersonal

Contenidos

Tercer trimestre

PROYECTO **La civilización griega.** Los griegos y las matemáticas

Estadística y probabilidad	Cálculo mental / Problemas	Tarea integrada	Competencias / Inteligencias múltiples
Lectura de diagramas de sectores Elaboración de diagramas de sectores	Sumas, restas y operaciones combinadas **Rutina:** Titular	Aprovecha el tiempo	Matemática. Ciencia y tecnología / Lógico-matemática y Visual-espacial Comunicación lingüística / Lingüístico-verbal Aprender a aprender / Intrapersonal Sociales y cívicas / Interpersonal
El azar: sucesos posibles, imposibles, seguros Probabilidad	Resolución de problemas: Representar los sucesos posibles	El azar en los juegos	Matemática. Ciencia y tecnología / Lógico-matemática y Visual-espacial Comunicación lingüística / Lingüístico-verbal Aprender a aprender / Intrapersonal Sociales y cívicas / Interpersonal
Cálculo de probabilidades **Agudiza el ingenio:** Pares de calcetines	Sumar y restar números de una cifra a números de dos y tres cifras / Sumar y restar centenas completas / Multiplicar centenas completas por una cifra / Hallar el término que falta en sumas y restas **Rutina:** Principio, medio, final	Otros sistemas de medida	Matemática. Ciencia y tecnología / Lógico-matemática y Visual-espacial Comunicación lingüística / Lingüístico-verbal Aprender a aprender / Intrapersonal Sociales y cívicas / Interpersonal
	Resolución de problemas: Representación gráfica	Guía turística	Matemática. Ciencia y tecnología / Lógico-matemática y Visual-espacial Comunicación lingüística / Lingüístico-verbal Aprender a aprender / Intrapersonal Sociales y cívicas / Interpersonal